Naturwissenschaften im Fokus
Reihenherausgeber
Harald Frater

Nadja Podbregar · Dieter Lohmann

Im Fokus: Meereswelten

Reise in die unbekannten Tiefen der Ozeane

Mit Beiträgen von
Andreas Heitkamp
Roman Jowanowitsch
Edda Schlager
Ute Schlotterbeck
Mirko Schommer

Autoren
Nadja Podbregar
MMCD NEW MEDIA GmbH Film- und Medienproduktion
Düsseldorf, Deutschland
redaktion@scinexx.de

Dieter Lohmann
MMCD NEW MEDIA GmbH Film- und Medienproduktion
Düsseldorf, Deutschland
redaktion@scinexx.de

ISBN 978-3-642-37719-8   ISBN 978-3-642-37720-4 (eBook)
DOI 10.1007/978-3-642-37720-4

Die Deutsche Nationalbibliothek verzeichnet diese Publikation in der Deutschen Nationalbibliografie; detaillierte bibliografische Daten sind im Internet über http://dnb.d-nb.de abrufbar.

© Springer-Verlag Berlin Heidelberg 2014
Das Werk einschließlich aller seiner Teile ist urheberrechtlich geschützt. Jede Verwertung, die nicht ausdrücklich vom Urheberrechtsgesetz zugelassen ist, bedarf der vorherigen Zustimmung des Verlags. Das gilt insbesondere für Vervielfältigungen, Bearbeitungen, Übersetzungen, Mikroverfilmungen und die Einspeicherung und Verarbeitung in elektronischen Systemen.

Die Wiedergabe von Gebrauchsnamen, Handelsnamen, Warenbezeichnungen usw. in diesem Werk berechtigt auch ohne besondere Kennzeichnung nicht zu der Annahme, dass solche Namen im Sinne der Warenzeichen- und Markenschutz-Gesetzgebung als frei zu betrachten wären und daher von jedermann benutzt werden dürften.

Gedruckt auf säurefreiem und chlorfrei gebleichtem Papier.

Springer Spektrum ist eine Marke von Springer DE. Springer DE ist Teil der Fachverlagsgruppe Springer Science+Business Media
www.springer-spektrum.de

Inhaltsverzeichnis

1 Wunderwelt Ozean – Volkszählung im Meer 1
Nadja Podbregar
Die Anfänge des Census of Marine Life 1
Weltraum unter Wasser – die Technologie 3
Das Geheimnis des „White Shark Cafés" 6
Hürdenlauf und Namensspiel –
vom unbekannten Fund zur neuen Art 8
DNA-Barcoding – Erbgut-Schnipsel als Arten-„Ausweis" .. 11
Die lebende Haut der Tiefe –
Tiefseeschlamm als unerwartete Oase 13
Von Pol zu Pol – überraschende Funde
in Arktis und Antarktis 16

**2 Heißer, tiefer, weiter… –
marine Rekorde in Hülle und Fülle** 19
Nadja Podbregar
Am heißesten 19
Am tiefsten 19
Am vielfältigsten 20
Am weitesten 20
Am dunkelsten 20
Am größten 20
Am ältesten 21
Am meisten 21
Die Abwesenden 21

3 Black Smoker – Expedition zu den Geysiren der Tiefsee 23
Nadja Podbregar

Schornsteine am Meeresgrund ... 23
Wenn die Erde rülpst – was sind Schwarze Raucher? ... 25
Strömungsmotoren und Chemikalienschleudern ... 26
Wandernde Wasserwirbel – das Rätsel der Plumes ... 28
Bakterienwolken und Tiefseeweiden – Leben am Schlot ... 30
Leben in Dantes Inferno –
Tricks gegen „höllische" Bedingungen ... 33
Garten Eden unter dem Meer –
hydrothermale Schlote statt Ursuppe? ... 34
Zur Ausbeutung freigegeben?
Kommerzielle Nutzung der Vents ... 36
Die ungelösten Rätsel der hydrothermalen Schlote ... 38

4 Asphaltvulkane – bizarrer Lebensraum auf Salz und Bitumen ... 41
Dieter Lohmann

Spuckende Salzhügel – die Entdeckung einer neuen Art
von Vulkanismus ... 41
Kunstwerke der Tiefsee – wie entstehen Asphaltvulkane? ... 43
Ein Lift für Asphalt – wie kommt das Material
an seinen Bestimmungsort? ... 45
Energie ohne Licht – auf der Suche nach dem Lebenselixier ... 47
Mit QUEST auf Spurensuche in der Tiefsee ... 49

5 Die Schlünde der Meere – eine Reise in die Tiefseegräben 51
Dieter Lohmann

Sinkflug im Marianengraben – Jacques Piccard
und die Trieste ... 52
Welt ohne Licht – die tiefsten Stellen der Meere ... 53
Tiefseegräben reloaded –
Forschungsboom dank besserer Technik ... 55
Wimmelndes Leben im Challengertief ... 57
„Petit Spots" – rätselhafte Mini-Vulkane ... 60

6 Tintenfische – intelligente Anpassungskünstler unter Wasser ... 63
Dieter Lohmann

Älter als die Dinosaurier 64
Drei Herzen, blaues Blut und noch mehr ... 66
Von Kalmaren, Riesenaxonen und dem Nobelpreisträgern .. 67
Meister im Tarnen und Täuschen ... 68
Mimic Octopus: ein Wunderknabe in der Klemme ... 70
Octopussy und andere Kraken ... 72
Vampirtintenfisch: Der Dracula der Meere ... 74
Riesenkalmare: Rätselhafte Riesen der Tiefsee ... 75

7 Bermudas Unterwelt – Expedition zu den Salzwasserhöhlen einer Tropeninsel ... 79
Nadja Podbregar

Inseln aus Feuer und Eis ... 79
Green Bay Cave – die Generalprobe ... 81
Die Unterwasserbrücke ... 83
Der Organismenwelt der Salzwasserhöhlen auf der Spur ... 84
Salz, Gezeiten und Wasserspeicher ... 86
Rohstoffquelle und Müllhalde ... 87
Der tiefste Tauchgang der Bermudas ... 88

8 Kaltwasserkorallen – „Great Barrier Reef" des Nordens ... 93
Andreas Heitkamp

Leben im Dunkel – eine Tauchfahrt in die Tiefe ... 94
Überraschung am Meeresgrund – Korallenriffe im Nirgendwo ... 97
Überleben im Alleingang – Ernährungsstrategien unter Wasser ... 98
Kinderstube für Hochseefische ... 100
Osteoporose in der Tiefe ... 101

9 Great Barrier Reef – bedrohte Wunderwelt des Meeres . 103
Ute Schlotterbeck

Tückische Gefahr im kristallklaren Wasser 103
Riff-Baumeister: Korallenpolypen, Kalkskelette
und Korallenstöcke 107
Ganz schön anspruchsvoll – was Korallen brauchen 108
Was für Rifftypen gibt es? 110
Von bizarren Korallen und bunten Fischen 111
Im Riff lauert Gefahr 112
Klima, Stürme und Kahlfraß durch Seesterne 114
Schleichende Vergiftung und mühsamer Wiederaufbau 116
Schutz vor bösen Geistern und Wundermittel gegen fast alles 118

10 Quallen – faszinierende Überlebenskünstler der Ozeane . 121
Mirko Schommer

Die erstaunlichen Fähigkeiten der Quallen 121
Doppelleben und anonymer Sex 125
Die Unsterblichkeit der Qualle 127
Massenvermehrung und ihre Folgen 128
Die Seewespe und ihre traurige Berühmtheit 130
Portugiesische Galeeren: Gemeinsam sind sie stark 132

11 Meereis – wimmelndes Leben in salzigen Kanälen 135
Roman Jowanowitsch

Von Körnchen und Pfannkuchen – wie entsteht Meereis? . . 135
Lebenswelt im Eis 138
Kalt, dunkel und salzig – die Lebensbedingungen 139
Die Kieselalge – der heimliche Herrscher im Meereis 141
Dinoflagellaten: Giftblüte und Meeresleuchten 144
Foraminiferen: winzige Jäger mit Schneckengehäuse 146
Mehrzeller: kleine Krebse und Eisfische 147
Die Bedeutung des Meereises für unser Klima 149

12 Bedrohtes Paradies Wattenmeer 151
Ute Schlotterbeck

Was ist das Watt? 152
Watt ist nicht gleich Watt 154

Lebensräume: von Salzwiesen, Dünen und Ästuaren 155
Mehr los als im Regenwald – die Tiere des Watts 156
Ganz schön abgehärtet – die Pflanzen im Wattenmeer 160
Schützenswert und einmalig –
Naturschutz und Nationalparks 161
Bedrohung Erdöl: Schiffe, Bohrinseln und Pipelines 162
Von „schwarzen Flecken" und grünen Algen 163
Der „blanke Hans" und seine Folgen 165

13 Bermuda-Dreieck – Mythos und Wirklichkeit in der Sargasso-See 167
Edda Schlager
Flug 19 – Patrouille ohne Wiederkehr 167
Wer erzählt die Geschichte und wie? 169
Kolumbus' „unheimliche" Entdeckungen 171
Erklärbare Gefahren – Gashydrate und Riesenwellen 172
Sargasso – die Unterwelt des Bermuda-Dreiecks 174
Flitterwochen in der Sargasso-See – die Reise der Aale ... 176
Exotisches Domizil – Spezialisten der Sargasso-See 177
Riesenhaie – geheimnisvolle Plankton-Fresser 179

14 Die vergessene Mission – PX-15 auf Drift im Golfstrom . 181
Nadja Podbregar
„Mehr als nur eine Frage der Neugierde" 182
Der U-Boot-Pionier und der Raketenmann 183
Mit dem „Mesoscaphe" in die Meerestiefe 184
Zwei Starts, zwei Welten 186
Wracks, Kartierung und ein Beinahe-Zusammenstoß 187
Kampf mit der Strömung 189
Sturm oben, ungemütlich unten 190
Was ist geblieben? 192

15 Müllkippe Meer – ein Ökodesaster mit Langzeitfolgen .. 193
Dieter Lohmann
Ein Superhighway aus Plastikmüll 194
Great Pacific Garbage Patch gibt Geheimnisse preis 195
Sargassosee: ein Abfallkarussell im Nordatlantik 197

Müll auch in Mittelmeer und Nordsee 199
Plastiktüten und Geisternetze als Killer 200
Bisphenol A, POPs und noch viel mehr 202
Der Kampf gegen das Plastik 203

Sachverzeichnis 207

License: creative commons – Attribution-ShareAlike 3.0 Unported 213

Wunderwelt Ozean – Volkszählung im Meer

Nadja Podbregar

Zusammenfassung

„Dorthin zu gehen, wo noch nie ein Mensch zuvor gewesen ist" – das ist nicht nur das Motto der Science-Fiction-Serie „Raumschiff Enterprise", sondern auch des größten internationalen Meeresforschungsprojekts der Neuzeit: des Census of Marine Life. Ehrgeiziges Ziel dieser knapp zehn Jahre dauernden Volkszählung der Meere: Die Artenvielfalt des bis dahin zu 95 Prozent unerforschten Lebensraums Ozean so vollständig wie möglich zu erfassen.

Von ölschluckenden Würmern über blinde Hummer bis hin zu wimmelndem Leben in der vermeintlichen Ödnis der Tiefsee: In ihren 14 Projekten tauchten die mehr als 2000 Census-Forscher aus 82 Ländern tief ein in die Kreativität und Vielfalt der Natur und stießen dabei auf mehrere tausend neue Arten. Sie entwickelten aber auch neue Methoden der Beobachtung und des Datensammelns und erkundeten so selbst entlegene und exotische Lebensräume wie die Eisozeane der Polargebiete oder die rauchenden Schlote der „Schwarzen Raucher".

Die Anfänge des Census of Marine Life

Alles beginnt im Jahr 1997 in Kalifornien: In den Räumen der Scripps Institution of Oceanography in La Jolla sitzen 20 Männer und Frauen zusammen, die zu den führenden Fischkundlern der Welt gehören. Geplant ist eine einstündige Diskussion über den aktuellen Wissensstand in punkto Fischvielfalt in den Meeren. Doch schnell wird klar: So wird das nichts. Trotz jahrzehntelanger Forschung sind ihre gemeinsamen Kenntnisse noch viel zu gering, verraten zu wenig über den wahren Artenreichtum der Ozeane. Und das geht nicht nur ihnen als Fischexperten so, ähnliche Probleme haben nahezu alle, die an Meeresorganismen forschen. Wie sollen sie Veränderungen bemerken und bewerten, wenn sie nicht einmal den Anfangszustand kennen?

Obwohl die Ozeane zwei Drittel unseres Planeten bedecken und damit mit Abstand den größten Lebensraum stellen, sind nur fünf Prozent davon überhaupt erkundet. Gründlich erforscht sogar noch weniger – zu groß sind die technischen Hürden, Kosten und Risiken. Dunkelheit, hoher Druck, keine Luft zum Atmen – diese Bedingungen erfordern spezielle Ausrüstungen, die schiere Größe dieser Wasserwelt lässt zudem jeden Versuch einer biologischen Kartierung als Sisyphusarbeit erscheinen. Immerhin 1370 Millionen Kubikkilometer Wasser verteilen sich auf die Weltmeere und reichen durchschnittlich rund 3,8 Kilometer weit in die Tiefe. Kein Wunder also, dass Wissenschaftler davon ausgehen, dass mindestens ein bis zehn Millionen Lebensformen in den Weiten der Ozeane noch auf ihre Entdeckung warten.

Ausgehend von diesen eher deprimierenden Feststellungen beschließen die 20 Wissenschaftler in La Jolla, einen neuen Anfang zu machen: Statt immer nur bekannte Arten zu studieren, wollen sie nun erst einmal eine „Volkszählung im Meer" machen – eine umfassende Untersuchung all dessen, was unter der Wasseroberfläche lebt. Ein neues Zeitalter der Entdeckungen könnte damit anbrechen, sie vergleichen es mit den Zeiten von Darwin, Linné und James Cook. Ein solches Projekt ist aber nur mit enormem Aufwand möglich, ohne Geldgeber und internationale Zusammenarbeit wird es nicht gehen. Glücklicherweise sitzt Jesse H. Ausubel unter ihnen. Er ist Programmdirektor der Alfred P. Sloan Foundation und damit in der Position, dem Plan die nötigen Finanzmittel zu organisieren. Und er ist von der Idee begeistert. „Der Traum zu wissen, was im Meer lebt, ist alt, überwältigend und romantisch", erklärt Ausubel. „Neu daran sind die Dringlichkeit der Aufgabe, die Fähigkeit, es herauszufinden, und die Tatsache, dass immer mehr von uns sich daran versuchen."

Drei Jahre dauern die Vorarbeiten, dann ist es soweit. Das auf zehn Jahre angesetzte Projekt „Census of Marine Life" beginnt im Jahr 2000 mit zunächst 60 Wissenschaftlern aus 15 Ländern. Ihr Ziel: Nichts weniger als das gesamte Leben in den Weltmeeren von Pol zu Pol und von der Wasseroberfläche bis zum tiefsten Graben zu erfassen. Neben der allerersten Bestandsliste sämtlicher mariner Lebensformen wollen die Forscher aber auch Karten erarbeiten, aus denen die Verbreitung und Häufigkeit der Arten hervorgeht. Denn nur wenn der genaue Lebensraum eines Tieres bekannt ist – inklusive aller Geburtsstätten, Futterplätze und Wanderungswege –, kann auch geklärt werden, ob und in welchem Maße dieser Organismus möglicherweise gefährdet ist.

In 14 Census-Projekten durchmusterten Wissenschaftler deshalb das Meer vom Schelf bis in die Tiefsee, von den warmen Lagunen der Tropen bis in die eisigen Wasser des Polarmeeres und erfassen dabei Organismen von der Größe einer Mikrobe bis zum Wal. Und auch die zeitliche Dimension spielt eine Rolle – die Veränderung der Organismenvielfalt im Laufe der Jahre und Jahrzehnte. Drei Leitfragen begleiten daher die Census-Projekte: Was lebte in den Meeren? Was lebt aktuell in ihnen? Was wird in ihnen leben?

Weltraum unter Wasser – die Technologie

„Reisen und Forschen im Meer ist wie Reisen und Forschen im Weltraum. Hier wie dort ist der Einsatz komplexer Technologien erforderlich, müssen neue Wege beschritten werden, um in extreme Gegenden zu gelangen – und wieder zurück. Und vor Ort brauchen die Wissenschaftler Mut, bisher unerforschte Regionen zu untersuchen", so beschreiben Darlene Crist und ihre Kollegen die Herausforderungen, die sie im Census-Projekt bewältigen müssen. „To boldy go where no one has gone before" ist daher nicht nur das Motto der tapferen Besatzung des Raumschiffs Enterprise, sondern durchaus auch das der Census-Forscher.

Und tatsächlich gleicht der tiefe Ozean in vieler Hinsicht dem Weltall: Er füllt große Weiten, es gibt keine Luft zum Atmen und arbeiten ohne Schutzkleidung ist unter Umständen sogar lebensgefährlich. Etwas zugänglicher erweist sich der Ozean allenfalls in den flachen Küstengebieten oder nahe der Wasseroberfläche, hier können die Forscher mit Fangnetzen, einfachen Taucherausrüstungen und Kameras agieren. Weiter unten jedoch sind sie weitestgehend auf hochtechnisierte Hilfsmittel angewiesen, hier geht kaum etwas ohne Tauchroboter und Forschungs-U-Boote, ohne Hightechkamera und Spezialmessinstrumente.

Ähnlich den unbemannten Raumsonden der Weltraumforscher erlauben vor allem die autonomen Unterwasservehikel, die AUVs, den Meereswissenschaftlern, unbekannte Gefilde quasi stellvertretend über deren Instrumente in Augenschein zu nehmen. Ein Census-Forscherteam besuchte beispielsweise mit Hilfe eines solchen Tauchroboters einen ziemlich berüchtigten Ort: den Tiefseegraben vor den karibischen Cayman-Inseln, in dem der Hollywood-Film „Abyss" von 1986 spielte. Im Gegensatz zu den glücklosen Protagonisten des Films begegnete „Nereid" allerdings keinen telepathischen Aliens, auch wenn das Tauchboot vom Astrobiologieprogramm der NASA mitfinanziert war. Dafür aber entdeckte es Belege für die Existenz heißer Quellen in gut 4000 Metern Tiefe. Warmes, mineralienreiches Wasser meldeten die Sensoren des sowohl autonom als auch am Kabel operierenden Tauchroboters an die Oberfläche. Dann allerdings musste sich „Nereid" doch noch himmlischer Gewalt beugen: Tropensturm Ida erzwang ein Ende der Expedition.

An einer ganz besonders langen Leine operierte ein ferngesteuerter Roboter dagegen im Nordostatlantik. Zwölf Kilometer Kabel zog er hinter sich her, als er die 4800 Meter unter der Wasseroberfläche liegende Porcupine-Tiefsee-Ebene erkundete. Für die Wissenschaftler an Bord des Begleitschiffes besteht bei solchen Verfahren zwar keine Gefahr, am Mitzittern hindert sie das jedoch nicht: „Es kann ein hartes Umfeld da unten sein. Ich erinnere mich an die erbärmliche Angst, die ich hatte, als unser Videosystem 40 Minuten lang an einem Felsen festhing und wir uns Sorgen machten, ob unsere wertvolle Aufnahmeausrüstung kaputt oben ankommen würde", erzählt Mireille Consalvey vom neuseeländischen Institut für Wasser und Atmosphärenforschung über ein Erlebnis im Rahmen des Seamount-Projekts CenSeam. „Glücklicherweise überlebte der Rekorder das Ganze besser als viele von uns und lieferte brillante Bilder aus dieser entlegenen Tiefe."

Diesen Tiefsee-Eidechsenfisch (*Bathysaurus mollis*) filmten Forscher in 2373 Metern Tiefe (© NOAA/Monterey Bay Aquarium Research Institute)

Aber längst nicht immer schickten die Census-Forscher ihre technischen Stellvertreter vor. Vor allem auf den Expeditionen der Korallenriff-Projekte zwängten sich die Wissenschaftler selbst in Tauchanzüge und stiegen mit Hilfe von hochmodernen Kreislauftauchgeräten auch in größere Tiefen hinab. Die ursprünglich für Kampfschwimmer und Minentaucher entwickelten Apparaturen recyceln die Ausatemluft und sind daher effektiver als offene Systeme. Und die Mühe hat sich gelohnt: Gleich 28 neue Arten förderten die Forscher um Richard Pyle vom Bishop Museum in Honolulu auf diese Weise vor den Karolineninseln im Pazifik zu Tage – während nur einer einzigen Tauchexpedition. Am auffälligsten war ein in 120 Metern Tiefe lebender, leuchtend blauer Riffbarsch, der *Chromis abyssus* getauft wurde.

Manchmal allerdings waren neue Entdeckungen weder besonders innovativer Technik noch aufwändigen Suchen zu verdanken, sondern schlicht Zufall, wie im Fall des Census-Küstenprojekts NaGISA. Brenda Konar, Professorin an der University of Alaska in Fairbanks erzählt: „Als wir im Prince William Sound Proben nahmen, ließ mein Kollege ein Filtersieb über Bord des Boots fallen, auf dem wir unsere Proben sortierten. Wir unternahmen einen Tauchgang in 18 Meter Tiefe, um das Sieb zu bergen – und fanden einen für unseren Bundesstaat völlig neuen Lebensraum. Wir wissen jetzt, dass es in Alaska Rhodolith-Bänke gibt." Dieser besondere Lebensraum entwickelt sich auf dem Kalk von urzeitlichen Korallen.

Das Geheimnis des „White Shark Cafés"

Zwischen Hawaii und der kalifornischen Küste liegt das „White Shark Café", ein Versammlungsort der besonderen Art. Jeden Winter legen Weiße Haie aus verschiedenen Gegenden des Pazifiks lange Wanderungen zurück, um sich hier für ein halbes Jahr zu versammeln. Männchen und Weibchen schwimmen umher und tauchen dabei mehrfach, manchmal alle zehn Minuten, bis in Tiefen von 300 Metern ab – warum, weiß bisher niemand so genau. Denn eigentlich ist dieser Bereich des Pazifiks eine „blaue Wüste", für die Haie gibt es hier so gut wie kein Futter.

Dass dieser Versammlungsort überhaupt existiert, erfuhren die Wissenschaftler des Census-Projekts Tagging of Pacific Predators (TOPP) letztlich von den Haien selbst, denn diese trugen spezielle Instrumente, sogenannte Biologger mit sich. Sie können Daten zur Umgebung und zum Zustand des Tieres messen und sie über Funk an Satelliten weitergeben. Die sogenannten SPOTs (Smart Position and Temperature Tags) beispielsweise erfassen Wassertemperatur und die Position des Tieres. Jedesmal, wenn der Hai auftaucht, werden die Daten an einen Empfängersatelliten gesendet. Solche Biologger sind besonders gut dafür geeignet, die Wanderungsbewegungen von großen Meeressäugern oder anderen Tieren zu erforschen, die zum Atmen an die Oberfläche kommen.

SPOT-Tags verhalfen den Census-Wissenschaftlern beispielsweise zu der überraschenden Erkenntnis, dass Lachshaie, kleinere Verwandte der „großen Weißen", nicht etwa im Winter aus den gefrierenden Gewässern der hohen Arktis flüchten wie bisher angenommen. Stattdessen bleiben sie im hohen Norden des Pazifiks und jagen unter der Eisdecke nach ihrer fischigen Beute.

Ein echtes „Schildkrötenrennen" lieferten sich elf mit Satellitensendern ausgerüstete Lederschildkröten, die die Forscher von ihren Futtergebieten im kanadischen Nordatlantik bis zu den Brutgebieten in der Karibik verfolgten. Die Kenntnis der Wanderungsbewegungen könnte sich als entscheidend erweisen, um das Überleben der vom Aussterben bedrohten Art zu sichern. Als eine der Zielstrebigsten im „Turtle-Race" erwies sich Backspacer, ein Weibchen, das am weitesten im Norden, vor der Küste von Neufundland, startete. Innerhalb von nur 14 Tagen legte das 1,50 Meter lange und rund 375 Kilogramm schwere Tier gewaltige 6268 Kilometer zurück. Die Daten der Sender enthüllten aber auch, dass die Schildkröten zwischen zwei Atemzügen deutlich länger als die normalen zehn bis 15 Minuten unter Wasser bleiben können. Die Rekordhalter unter ihnen wie Cali oder Lindblad the Explorer tauchten im Laufe ihrer Reise sogar mehr als hundert Mal länger als eine Stunde ab. Sie erreichten dabei Tauchtiefen von mehr als 800 Metern.

Beim Weißen Hai allerdings funktionieren die normalen Satellitensender nur eingeschränkt. Da er mit Kiemen atmet, kommt er wesentlich seltener an die Oberfläche, entsprechend lückenhaft sind die Daten. Doch auch hier haben die Census-Forscher eine Lösung gefunden: die „Pop Up Archive Tags" (PAT). Diese zigarrengroßen Geräte zeichnen kontinuierlich auf, in welchen Umweltbedingungen und in welcher Wassertiefe sich die Tiere bewegen, außerdem erfassen sie auch die geographischen Koordinaten und damit die ungefähre Position des Tieres. Diese gesammelten Daten werden dauerhaft gespeichert. Der Clou jedoch: Die Geräte bleiben nur über eine bestimmte Zeit am Tier befestigt – 30, 60, 90 oder 180 Tage. Danach löst sich das Pop Up Tag und steigt zur Oberfläche auf. Hier funkt es zwei Wochen lang seine Daten und die Position an Argos-Satelliten in der Erdumlaufbahn. Erst die Kombination von SPOT- und PAT-Tags machte es schließlich möglich, die Wanderungsbewegungen und das Schwimm- und Tauchverhalten der Weißen Haie detailliert zu erkunden. Sie verrieten den Forschern auch die Lage des geheimnisvollen „White Shark Cafés".

„Wir haben jetzt nicht nur eine bessere Vorstellung der Verteilung von Arten, die an Ort und Stelle bleiben, wir nähern uns auch einem globalen Bild der Bewegungen der Tiere, ob sie in Strömungswirbeln pendeln oder 8000 Kilometer weite Reisen über Ozeane hinweg vollführen", erklärt Census-Forscher Ron O'Dor von der kanadischen Dalhousie Universität. Mit den dank des technischen Fortschritts immer kleineren und leistungsfähigeren Instrumenten und ihren Batterien könnten in

Zukunft auch noch viele weitere Tierarten erkundet werden. Sie leisten wertvolle Hilfe überall dort, wo die Meeresforschung durch Schiffe und Expeditionen immer nur einen zeitlich begrenzten Schnappschuss aus dem Leben der Meeresorganismen liefern kann. „Man kann sich eine ganze Armada tierischer Beobachter vorstellen, wie sie – mit den aktuellsten, am höchsten entwickelten Biologgern ausgestattet – in den Meeren herumschwimmen, ihr Leben leben und gleichzeitig passiv unser Wissen über das Meer fördern", so die Vision der Census-Forscher um Darlene Crist.

Hürdenlauf und Namensspiel – vom unbekannten Fund zur neuen Art

„Neue Arten sind nicht wirklich neu, sie sind nur neu für uns. Diese Lebewesen existieren seit Millionen von Jahren und wir haben gerade jetzt das Glück, sie zu finden und die Technologie an der Hand zu haben, um sie zu untersuchen", erklärt Census-Forscher Steven Haddock vom Monterey Bay Aquarium Research Institute. Die Begegnung mit unbekannten Lebewesen ist für ihn und seine Kollegen inzwischen fast schon Alltag – immerhin haben sie bisher mehr als 5300 neue Arten entdeckt. In jedem Liter Meerwasser stoßen sie auf Dutzende Spezies, die bisher noch nicht beschrieben sind. „Jedes Mal, wenn ich marine Lebewesen unter dem Mikroskop betrachte, bin ich fasziniert und erstaunt von ihrem Reichtum an Farben und Formen, aber auch von ihrer Schönheit und der Bizarrheit einiger ihrer Anhänge und Details", erklärt Heloise Chenelot, Meeresforscherin von der Universität von Alaska in Fairbanks und Teilnehmerin am Census-Küstenprojekt NaGISA.

Hürdenlauf und Namensspiel – vom unbekannten Fund zur neuen Art

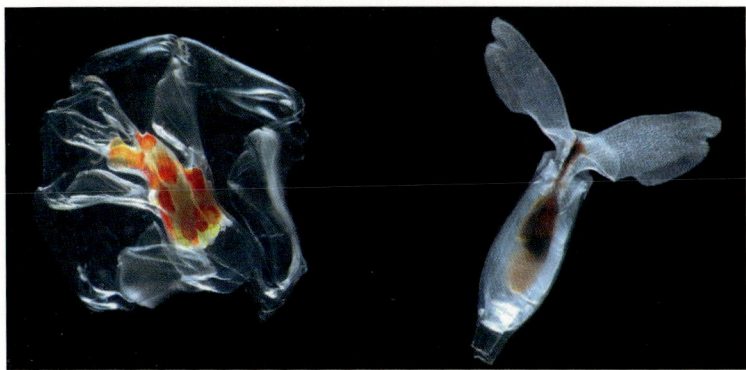

Diese aus mehreren Einzeltieren zusammengesetzte Quallenart und die schwimmende Flügelschnecke fanden Forscher im Rahmen des Zooplankton-Census (© Russ Hopcroft/University of Alaska), L. Madin/WHOI)

Den Namen eines Tieres nicht zu kennen oder es noch nie gesehen zu haben, beweist allerdings noch lange nicht, dass es sich auch um eine neue, zuvor unbekannte Art handelt. Bis dies feststeht, müssen die Forscher einen langen vielstufigen Prozess durchlaufen, an deren Ende – vielleicht – die Beschreibung einer neuen Spezies steht. Der erste Schritt in diesem Hürdenlauf beginnt unmittelbar nach der Entdeckung des Tieres: Es wird fotografiert, gezeichnet, konserviert und in vielen Fällen entnehmen die Census-Forscher auch eine Gewebeprobe, um später eine DNA-Analyse durchführen zu können. Im nächsten Schritt geht es darum sicherzustellen, dass das Lebewesen nicht doch schon irgendwo beschrieben oder katalogisiert worden ist: Kollegen werden befragt, Literatur gewälzt und, wenn vorhanden, Datenbanken, durchforstet. In einigen Fällen existieren sogar schon Exemplare in Museumsbeständen, die in Vergessenheit gerieten oder nie genauer untersucht worden sind. Erst der Vergleich mit der neu entdeckten Art enthüllt dann ihre wahre Identität.

Ist dann klar, dass es sich wirklich um eine neue Art handelt, dann ist akribische Puzzlearbeit gefragt: Das Tier muss in allen Einzelheiten beschrieben und kategorisiert werden, jede Borste, jeder Farbtupfer und jedes noch so unscheinbare Anhängsel müssen gezeichnet, in Worte gefasst und mit anderen verwandten Arten verglichen werden. Und einen Namen braucht der Neuling natürlich auch noch. Der „Vorname", der die Gattungszugehörigkeit angibt, ist in der Regel durch die Verwandtschaftsverhältnisse vorgegeben, der zweite, der eigentliche Artname, ist jedoch frei wählbar. Hier können die Wissenschaftler ihre Kreativität spielen lassen. Oft werden der Finder, der Fundort oder eine besondere Eigenschaft des Tieres verewigt, manchmal aber auch ein besonders verdienter Forscher oder ein Förderer der Forschung. So tauften die Census-Forscher einen neu entdeckten Tintenfisch *Promachoteuthis sloani*, zu Ehren der Sloane Foundation, deren Geld das Census-Projekt überhaupt erst möglich machte.

Im letzten Schritt des Hürdenlaufs zur neuen Art reichen die Wissenschaftler dann die Beschreibung samt Namen zur Veröffentlichung in einer der taxonomischen Fachzeitschriften ein. Erst, wenn die Gutachter das Ganze nochmals geprüft und für gültig befunden haben, ist die neue Spezies offiziell in die „Gemeinschaft der Arten" aufgenommen. Insgesamt dauert dieser strenge wissenschaftliche Prüfprozess Jahre, unter anderem auch deshalb, weil geübte Taxonomen – Forscher, die auf das Erkennen und Beschreiben von Arten spezialisiert sind – inzwischen rar geworden sind. Philippe Bouchet vom Naturkundemuseum Paris schätzt, dass die rund 3800 Taxonomen weltweit pro Jahr 1400 neue marine Arten beschreiben können. Bei dieser Geschwindigkeit würde es über fünf Jahrhunderte dauern, bis alle verbliebenen unbekannten marinen Arten entdeckt, überprüft, beschrieben und benannt sind. Kein Wunder also, dass von den bisher rund 5300 potenziell neuen Tierarten des Census erst 110 offiziell abgesegnet sind.

Diese Qualle der Gattung *Crossota* schwebt meist knapp über dem Meeresboden der Tiefsee (© NOAA/Kevin Raskoff)

DNA-Barcoding – Erbgut-Schnipsel als Arten-„Ausweis"

Die Census-Projekte rund um den Globus entdecken neue Arten schneller, als sie bestimmt werden können. Noch Jahrzehnte wird daher die Auswertung der Ausbeute dauern. Doch es gibt eine Technik, die den mühsamen Prozess deutlich abkürzen und erleichtern könnte: das DNA-Barcoding. Schon jetzt setzen es Meeresforscher im Rahmen des Census ein, zunächst vor allem bei Mikroorganismen und Fischen. Der Vorteil daran: Diese Methode ist unabhängig von der Fachkompetenz oder verfügbaren Zeit der Taxonomen und ermöglicht daher eine Art- und Verwandtschaftsbestimmung quasi auf der Überholspur. Zudem verzeiht sie auch Irrtümer in der Beschreibung der äußeren Merkmale oder sonstiger Eigenschaften des neuen Funds. Denn was hier zählt ist einzig und allein die DNA, das Erbgut des unbekannten Lebewesens. Seine Sequenz, die Abfolge der Basen T, G, A und C, ist so individuell wie ein Fingerabdruck, verrät aber auch die Zugehörigkeit zu einer Art oder Verwandtschaftsgruppe. Je ähnlicher der Code, desto enger verwandt sind zwei Organismen.

Doch eine komplette Sequenzierung jedes neu gefundenen Organismus wäre enorm aufwändig und langwierig. Deshalb behilft man sich mit Markern, „tags" genannt: kleinen Ausschnitten des genetischen Codes, die Verwandtschaftsverhältnisse besonders gut wiederspiegeln. Sie stammen meist nicht aus dem im Zellkern liegenden Erbgut, sondern aus der mitochondrialen DNA, Genen, die in den Kraftwerken der Zelle, den Mitochondrien liegen. Um diese entscheidenden Schnipsel zu bestimmen, müssen die Meeresforscher keine Großrechner auf ihren Schiffen installieren, es reicht ein einfaches, tragbares Labor. Der so ermittelte genetische Barcode wird dann mittels Internet mit dem Bestand von zentralen DNA-Datenbanken verglichen. Gibt es keine passenden Treffer, könnte es sich um eine neue Art handeln. Voraussetzung für diese Methode ist allerdings, dass die bekannten Spezies bereits möglichst vollständig mittels Barcoding erfasst sind. In Ansätzen ist dies bisher nur für die marinen Mikroorganismen der Fall, schon dort aber zeigte sich, welche Überraschungen und Fortschritte diese Methode bringt:

„Diese Beobachtungen haben alle vorherigen Schätzungen zur bakteriellen Vielfalt im Meer über den Haufen geworfen", erklärt Census-Wissenschaftler Mitchell L. Sogin vom Meeresbiologischen Laboratorium in Woods Hole und Leiter des Census-Mikroorganismenprojekts. „Ebenso wie Wissenschaftler mithilfe immer besserer Teleskope entdeckt haben, dass die Zahl der Sterne in die Milliarden geht, lernen wir mithilfe von DNA-Techniken, dass die Zahl der für das Auge unsichtbaren marinen Organismen jenseits aller Erwartungen liegt und die Diversität viel größer ist, als wir uns vorstellen konnten." Um zehn- bis hundertmal höher als gedacht liegt die mikrobielle Artenvielfalt des Meeres, so schätzen die Census-Forscher heute. Zukünftig auch andere Organismengruppen auf diese Weise charakterisieren zu können, daran arbeiten Forscher in verschiedenen Census-Bereichen. So erfassten die Mitarbeiter des Antarktisprojekts CAML bereits 3000 antarktische Spezies mittels DNA-Barcoding, ihre Kollegen vom Arktisprojekt ArcOD immerhin rund 300.

Das Barcoding von Fischarten, ebenfalls in vollem Gange, hat über die Grundlagenforschung hinaus auch Bedeutung für Fischereiwirtschaft und Artenschutz: „Es ist leicht, einen vollständigen Fisch genau zu identifizieren, aber wenn man nur einen Teil dieses Fisches hat, beispielsweise ein Filet oder eine Flosse oder ein bisher unbekanntes Lebensstadium, dann wird es ziemlich schwierig, manchmal sogar unmöglich ihn nur durch äußere Kennzeichen zu bestimmen", erklärt Bronwyn Innes von der australischen Forschungsorganisation CSIRO. Sie ist Teil eines Projekts, in dem Fischarten systematisch per DNA-Barcoding erfasst werden. „Barcoding könnte beispielsweise sicherstellen, dass ein Restaurantbesucher wirklich den von ihm bestellten teuren Fisch erhält und nicht einen billigeren Ersatz. Oder den Behörden dabei helfen festzustellen, ob ein illegal gefangener Fisch zu einer geschützten Art gehört."

Die lebende Haut der Tiefe – Tiefseeschlamm als unerwartete Oase

Lange Zeit galt die Tiefsee als Wüste, als lebensfeindliches Ödland, in dem kaum etwas existiert und das daher auch keinen Schaden nehmen kann. Für viele ist der Meeresgrund daher bis heute nichts als eine reichhaltige Quelle für Rohstoffe und Bodenschätze, bereit ausgebeutet zu werden „Mine it, drill it, dispose into it, or fish it", zitiert Robert S. Carney von der Louisiana State Universität die gängigen Vorstellungen. „Es gibt ja doch nichts, was davon betroffen sein könnte. Und wenn es Folgen gibt, dann ist die Tiefsee wenigstens schön groß und – das ist das Beste – aller Sicht verborgen."

Doch damit könnte jetzt Schluss sein. Denn was die fünf Census-Projekte zur Tiefsee in knapp zehn Jahren zu Tage förderten, war überraschend, faszinierend und veränderte das gesamte Bild dieses Lebensraums nachhaltig. In mehr als 210 Expeditionen durchmusterten die 344 Wissenschaftler aus 34 Nationen die steil abfallenden Ränder der Kontinente, die rätselhaften Ökosysteme der „Seamounts", hydrothermalen Schlote, und Quellen und erkundeten sowohl die vielgestaltigen Klüfte und Berge des Mittelatlantischen Rückens als auch die flachen Weiten der scheinbar so öden Tiefsee-Ebenen.

Und vor allem dort enthüllten die Kameras, Sonargeräte und autonomen Tauchfahrzeuge eine erstaunliche Lebensfülle: Bis heute sind 17.650 Arten aus Wasserschichten tiefer als 200 Meter neu in die große

Census-Datenbank eingetragen, 5722 Arten davon stammen jedoch sogar aus der Zone des lichtlosen Dunkels, aus Tiefen von einem und mehr Kilometern. Zu ihnen gehören so seltsame Wesen wie die transparente Seegurke *Enypniastes*. Wie ein Staubsauger schlürft sie unablässig organisches Material vom Meeresboden in sich hinein, während sie mit zwei Zentimetern in der Minute auf ihren Tentakeln vorwärts kriecht.

Oder der einsame Röhrenwurm, der am Grund des Golfs von Mexiko in knapp 1000 Metern Tiefe in seiner Höhle saß und zunächst völlig unauffällig schien. Doch als der Roboterarm des Tauchfahrzeugs ihn anhob, strömte Erdöl sowohl aus seiner nun verwaisten Höhle als auch aus seiner Mundöffnung. Der Wurm ernährte sich offensichtlich von chemischen Bausteinen des Öls und war von den Forschern quasi „beim Dinner" gestört worden. Eine ähnlich ungewöhnliche Leibspeise hat auch der Wurm *Osedax*, von Census-Forschern am Grund des antarktischen Polarmeeres entdeckt: Er frisst sich durch die Knochen von auf dem Meeresboden gesunkenen Walskeletten.

Die lebende Haut der Tiefe – Tiefseeschlamm als unerwartete Oase

Dieser Seestern (*Opheiolepis elegans*) wurde auf dem Meeresboden der Tiefsee entdeckt (© UCSB/Univ. S. Carolina/NOAA/WHOI)

„Die Tiefseefauna ist so reich an Artenvielfalt und so wenig beschrieben, dass es schon anormal ist, auf eine bekannte Art zu stoßen", erklärt David Billett vom britischen National Oceanography Centre. „All die verschiedenen Arten erstmals zu beschreiben, die sich in einer nur Kaffeetassen-großen Probe von Tiefseesediment finden ist eine echte Herausforderung." So waren von den 680 Ruderfußkrebsen, die das Census-Projekt CeDAMar im Schlamm der Tiefsee-Ebene des Südost-Atlantiks entdeckte, 99 Prozent zuvor völlig unbekannt, von den restlichen Organismen noch immer 50 bis 85 Prozent. Insgesamt aber entpuppte sich gerade die vermeintliche Schlammwüste als vor Leben wimmelndes Ökosystem. Die vorgefassten Meinungen darüber, in welchen Umgebungen sich Artenvielfalt finden lässt, müssen damit komplett revidiert werden.

„Einige Wissenschaftler haben die Artenvielfalt des Schlamms sogar mit der der tropischen Wälder verglichen", berichtet Carney. „Im College habe ich gelernt, dass eine hohe Biodiversität mit dem Formenreichtum des Lebensraums zusammenhängt – viele verschiedene Nischen und Ecken. Doch man kann sich kaum etwas monotoneres und nischenloseres vorstellen als den Tiefseeschlamm." Und doch haben sich gerade hier erstaunlich viele Organismen an die Dunkelheit und relative Nahrungsarmut angepasst. Sie zehren von organischen Abfällen, die aus den helleren Regionen nach unten sinken oder leben in enger Gemeinschaft mit Mikroben, die Erdöl, Methan oder auch die Knochen von Walen zersetzen und ihnen damit die dringend gebrauchten Nährstoffe liefern. „Um in der Tiefe zu überleben, müssen die Tiere magere oder ganz neue Ressourcen finden und nutzen können. Ihre große Artenvielfalt zeigt, wie viele Möglichkeiten es gibt, sich auf diese Weise anzupassen", so Carney.

Auch nach zehn Jahren der Forschung sind die Geheimnisse dieser Tiefseebewohner noch lange nicht vollständig erkundet. Noch immer ist nicht geklärt, welche unsichtbaren Barrieren und Territorien die Verteilung der Tiefseearten bestimmen. Das Fazit von Chris German von der Woods Hole Oceanographic Institution ist daher noch immer gültig: „Die Tiefsee ist das größte kontinuierliche Ökosystem und der größte Lebensraum der Erde. Es ist aber auch das am wenigsten untersuchte."

Von Pol zu Pol – überraschende Funde in Arktis und Antarktis

Sie leben an den entgegengesetzten Enden der Erde, 11.000 Kilometer trennen sie. Und doch gehören sie zu einer Art: Einer der Meilensteine im Census of Marine Life ist die Entdeckung, dass die Lebenswelten von arktischen und antarktischen Meeren verblüffende Gemeinsamkeiten aufweisen. Von Riesen der Meere wie dem Blauwal bis zu winzigen Würmern, Krebsen und Schnecken fanden die Forscher 235 Tierarten, die sowohl am Nordpol als auch im Südpolarmeer vorkommen. Warum dies so ist und wie gerade die kleinen Tiere es schafften, sich über die Barriere der warmen Zonen hinweg so zu verbreiten, ist bisher noch völlig unklar. DNA-Analysen sollen hier nähere Aufschlüsse schaffen.

Wie schon in anderen Bereichen der Unterwasserwelt verblüffte auch in den Eismeeren vor allem die schiere Vielfalt des Lebens. Bis heute haben die mehr als 500 Wissenschaftler der beiden polaren Census-Projekte 7500 Arten für die Antarktis und 5500 für die Arktis identifiziert. Allein die DNA-Analysen von Mikroben, die in den zwei bis zehn Liter fassenden Meerwasserproben aus dem Südpolarmeer gefunden wurden, enthüllten 370.000 verschiedene Arten, ein paar tausend davon unbekannt. „Vor hundert Jahren sahen Antarktis-Forscher wie Scott und Shackleton vor allem eins: Eis", erklärt Victoria Wadley, Polarforscherin des australischen Antarktisprogramms. „Heute sehen wir hier überall Leben."

Und nicht nur das, die Antarktis entpuppte sich auch als wahrer Lebensspender für weiter nördlich gelegene Gefilde. So scheint das Vorrücken und Schrumpfen der südpolaren Eisflächen im Laufe der Jahrmillionen wie eine große Pumpe nicht nur kaltes Wasser in die Weltmeere gespült zu haben, sondern auch allerlei polare Spezies. Immer wenn das Eis die Antarktis vom Rest der Welt abriegelte, entwickelten sich hier neue Oktopusse, Seespinnen, Meeresasseln und viele andere Tierarten. Gab das Eis den Weg nach Norden wieder frei, breiteten diese sich mit den Strömungen aus.

Das Leben und Forschen im Eis war dabei selbst für gestandene Polarforscher oft alles andere als einfach. Während die Forscher des arktischen ArcOD-Projekts ihre Proben nur unter den wachsamen Augen bewaffneter Eisbärenwächter entnehmen konnten, hatten die Antarktisforscher des CAML-Projekts auf ihren Forschungsfahrten mit den bis zu 16 Meter hohen Wellen des Südpolarmeeres zu kämpfen. Und doch, die Begeisterung überwiegt, wie Mark Harris, ein Lehrer aus dem amerikanischen Utah deutlich schildert. Er half den Census-Forschern beim Markieren von Krabbenfresser-Robben in der Antarktis.

„Unmittelbar nach dem Mittagessen entdeckten wir einen Krabbenfresser", schildert Harris. „Das Robben-Team hüpfte in das Zodiac und tuckerte durch große Stücke Pfannkucheneis. Mein Herz begann etwas schneller zu schlagen, je näher wir der Robbe kamen. Brigitte zielte mit dem Betäubungsgewehr und schoss. Betäubungsmittel ergoss sich in die Robbe. Mein Adrenalinspiegel stieg. Schließlich kam das Kopfnicken.

Bevor ich noch recht wusste, was geschah, rang ich auf einem Eisblock im Antarktischen Ozean mit einer gut 270 Kilogramm schweren Robbe. Wilder geht es nicht!" „Sobald die Robbe aus dem Wasser gezogen war, trat das Robben-Team in Aktion, jedes Mitglied hat seine Aufgabe", so Harris weiter. „Messungen, Ultraschall, Gewebebiopsie, Blutproben und Wiegen sind die Zielvorgaben bei jedem Fang. Ein großartiger Tag! Ich liebe es, hier draußen zu sein, und ich habe wiederum keine Ahnung, was der nächste Tag bringen wird. Alles was ich sagen kann, ist: „Her damit!"

Eine überraschende Entdeckung machten im Antarktissommer 2006/ 2007 Census-Forscher auf dem deutschen Forschungsschiff Polarstern, als sie das Gebiet des Larsen-Schelfeis an der Ostküste der antarktischen Halbinsel besuchten. Hier waren in den letzten zwölf Jahren insgesamt 10.000 Quadratkilometer Eis verloren gegangen, eine Fläche die ungefähr der Größe Jamaikas entspricht. Ein Teil davon brach als massive Eisplatte von 325 Quadratkilometern ab und driftete ins Meer hinaus. Das wirklich Spannende aber hatte sich seither außer Sichtweite der spähenden Satellitenaugen ereignet: am Meeresgrund. Denn zum ersten Mal seit 100.000 Jahren war jetzt das Sediment in diesem Teil des Wedellmeeres dem Sonnenlicht ausgesetzt, das Dauerdunkel der abschirmenden Eismassen war Vergangenheit. Und prompt hatte das Leben begonnen, sich dieses Habitat wieder zu eigen zu machen.

Mehr als 1000 Arten entdeckten die Meeresforscher im Larsen-Gebiet, darunter etliche bisher unbekannte Arten von Nesseltieren und Krebsen. Eine davon entpuppte sich als echter Rekordhalter: Der Flohkrebs aus der Gattung *Eusirus* ist fast zehn Zentimeter lang, so groß wie kein anderer seiner Verwandtschaftsgruppe. Er ging den Forschern mittels Köderfalle ins Netz. „In diesen einzigartigen Ozeanen, wo die Wassertemperatur an der Oberfläche kälter ist als in der Tiefe, setzen wir die ersten Maßstäbe der marinen Biodiversität", so das Fazit von Ian Poiner, dem Vorsitzenden des Census-Lenkungskomitees. „Daran lässt sich zukünftig der Wandel messen. Das ist ein signifikantes Erbe für zukünftige Generationen."

Heißer, tiefer, weiter… – marine Rekorde in Hülle und Fülle

2

Nadja Podbregar

> **Zusammenfassung**
> Die Funde des Census of Marine Life – der „Volkszählung der Meere" – lesen sich wie ein Guiness-Buch der marinen Rekorde. Noch niemals zuvor sind so viele ungewöhnliche, seltene oder besonders verblüffende Entdeckungen gemacht worden.

Am heißesten

Nahe einer Thermalquelle 3000 Meter unter der Oberfläche des äquatorialen Atlantiks fanden Census-Forscher mit einem Instrument, das an dem Roboter QUEST befestigt war, Garnelen und andere Lebewesen. Sie wurden neben einer Quelle entdeckt, aus der mit Chemikalien beladenes Wasser mit einer nie gemessenen Temperatur, nämlich 407 °C, hervorquoll. Bei dieser Temperatur schmilzt Blei. Dies war die höchste Unterwassertemperatur, die überhaupt je gemessen wurde.

Am tiefsten

In einer Zooplanktonprobe aus 5000 Metern Tiefe in der Sargassosee fingen Forscher schwebende, oft bizarr aussehende Flohkrebse. Einer von ihnen soll angeblich die Inspiration für den Film „Alien" geliefert haben. In der lichtlosen Tiefe fanden sie über 500 Arten, davon zwölf neue, die sich gegenseitig fressen oder von organischen Teilchen leben, die wie Schnee durch das Wasser nach unten fallen.

Am vielfältigsten

Artenvielfalt ist Reichtum – und ganz besonders viel davon entdeckten die Meeresforscher in Wasserproben aus dem Atlantik und Pazifik, darunter auch Wasser aus einer Eruptionsspalte in 1500 Meter Tiefe. Hier schwebten in nur einem Liter Wasser mehr als 20.000 Arten verschiedener Bakterien. DNA-Analysen enthüllten, dass die meisten dieser Arten unbekannt und möglicherweise sehr selten sind. Nach neuesten Schätzungen gehen die Wissenschaftler davon aus, dass die Artenvielfalt allein unter den Mikroben die fünf bis zehn Millionen-Grenze überschreitet.

Am weitesten

Durch Verfolgen von mit Sendern ausgestatteten Sturmvögeln über Satelliten haben Census-Forscher die 70.000 Kilometer lange Route der Vögel auf Futtersuche aufgezeichnet. In Form einer Acht fliegt der Sturmvogel über den Pazifik von Hawaii über Neuseeland und Polynesien nach Japan und wieder zurück. Auf dieser längsten je elektronisch aufgezeichneten Wanderung legte das Tier in 200 Tagen täglich rund 350 Kilometer zurück, eine erstaunliche Leistung. Manchmal machten brütende Paare auch die gesamte Reise zusammen.

Am dunkelsten

Eine Lebensgemeinschaft verborgen unter 700 Meter dickem Eis und 200 Kilometer vom offenen Wasser entfernt überraschte Census-Wissenschaftler in der Antarktis. Sie filmten hier eine große Anzahl von bisher unbekannten Arten. Darunter auch eine Qualle, wahrscheinlich *Cosmetirella davisi*, die mit erhobenen Tentakeln schwimmt.

Am größten

Unter den vielen neuen Arten, die von Census-Teilnehmern 2006 entdeckt wurden, ist auch eine vier Kilogramm schwere Languste. Das vor

Madagaskar gefundene Tier der Art *Palinurus barbarae* gehört vermutlich zu den größten seiner Gruppe. Seine Körperlänge erreicht einen halben Meter. Aber auch der Einzeller, den die Forscher in 4300 Metern Tiefe im Nazare-Canyon vor Portugal fanden, sorgte für allgemeine Verblüffung: Weit entfernt von den bescheidenen Ausmaßen der gewöhnlichen Mikroben, die man im Wassertropfen unter dem Mikroskop beobachten kann, hatte er geradezu riesenhafte Ausmaße. Jede einzelne Zelle dieser zerbrechlichen neuen Xenophyophoren-Art ist von einer etwa einen Zentimeter großen, plattenartigen Schale aus Mineralteilchen umhüllt.

Am ältesten

Ein lebendes Fossil fanden Forscher auf einem untermeerischen Berg in der Coral Sea. Ihnen ging eine Garnele ins Netz, von der man glaubte, dass sie seit 50 Millionen Jahren ausgestorben sei. Stattdessen war die „jurassische" Garnele quicklebendig.

Am meisten

Den Wettbewerb um die größte Ansammlung gewannen acht Millionen Heringe, die in einem Schwarm von der Größe Manhattans vor der Küste von New Jersey schwammen. Entdeckt wurden sie mithilfe von Echoloten, die ihren Strahl bündeln können wie das Licht eines Leuchtturmes. Sie tasten auf diese Weise Flächen im Meer ab, die 10.000mal größer sind als bisher möglich. Sofortige und andauernde Aktualisierungen ermöglichen dabei die Dokumentation des Anwachsens und Abnehmens, die Zerschlagung und das Zusammenfließen von Fischschwärmen.

Die Abwesenden

Im Census ging es nicht nur darum, festzustellen, was da ist, sondern auch wo etwas nicht vorhanden ist. So fanden die Forscher beispielsweise heraus, dass 70 Prozent der Weltmeere frei von Haien sind – nämlich genau die Meeresbereiche unterhalb einer Tiefe von 3000 Metern. Hier ergaben auch sorgfältige Untersuchungen kaum eine Spur der Meeresräuber. Obwohl viele Haie bis in Tiefen von 1500 Meter leben, haben sie offenbar – vielleicht aus physiologischen Gründen – größere Tiefen nicht besiedelt. Das allerdings macht sie leichter zugänglich für die Fischerei und damit auch gegenüber der Bedrohung anfälliger.

Black Smoker – Expedition zu den Geysiren der Tiefsee

3

Nadja Podbregar

Zusammenfassung
Die Reise geht zu den geheimnisvollen heißen Schloten am Meeresgrund. Nicht nur geologisch ein noch immer rätselhaftes Phänomen, sind sie auch Oasen wimmelnden Lebens in der Tiefsee. Und wie es dort lebt: weiße Bakterienwolken, Krabben ohne Augen, Würmer ohne Darm, Riesenmuscheln – rund um die unterseeischen „Schornsteine" hat sich eine ganz eigene und archaische Lebensgemeinschaft herausgebildet. Inzwischen vermutet man sogar, das Leben auf der Erde könnte nicht in sonnendurchfluteten Pfützen der Ursuppe, sondern hier, in den schwefligen Höllenschlunden der Tiefsee entstanden sein.

Schornsteine am Meeresgrund

Die Luke schließt sich, und langsam beginnt das Tauchboot Alvin zu sinken. 100 Meter, 500 Meter, 1000 Meter – das Licht wird immer schwächer, es wird kalt. 2000 Meter, 2500 Meter unter der Meeresoberfläche: In dieser Tiefe ist auch das letzte bisschen Licht verschwunden, es herrscht absolute Dunkelheit. 250 Kilogramm lasten jetzt auf jedem Quadratzentimeter der Außenhaut des Tauchboots, die Wassertemperatur liegt bei ungemütlichen 2 °C. Durch ein Bullauge betrachtet erscheint der Meeresboden in dieser Tiefe öde und leer. Eintönig erstreckt er sich im Licht der starken Unterwasserscheinwerfer. Doch plötzlich ändert sich das Bild dramatisch: Ein Rücken zerklüfteter Gesteinsformationen türmt sich auf, die Wassertemperatur schnellt in die Höhe und Turbulenzen lassen das Tauchboot schwanken. Aus zahlreichen Schloten scheint dunkler

Rauch in die Höhe zu steigen und am Fuß dieser Schlote wimmelt es vor Leben – eine Fata Morgana? Nicht ganz.

Geologen an Bord des Forschungs-U-Boots Alvin waren die ersten, die 1977 am Meeresgrund vor den Galapagos-Inseln das seltsame Phänomen der „Schwarzen Raucher" entdeckten. Schon seit 1972 war zwar bekannt, dass an einigen Stellen des Meeresbodens heißes Wasser aus dem Untergrund austritt, gesehen hatte diese Unterwassergeysire jedoch bis dahin noch niemand. Entsprechend überrascht waren die ersten Beobachter: Statt kahler, karger Vulkanschlote entdeckten sie ausgedehnte Kolonien seltsamer, bisher unbekannter Tierarten, umspült vom warmen, mineralhaltigen Wasser, das aus zahlreichen Öffnungen im hügeligen Meeresboden drang.

Die Entdeckung der Galapagos-Schlote warf alle festen Vorstellungen über die Geologie des Meeresbodens und der Tiefsee über den Haufen. Stattdessen ergaben sich eine ganze Reihe neuer Fragen. Mit was für einem Phänomen hatte man es zu tun? Woher stammten diese „Schornsteine am Meeresgrund"? Wie waren sie entstanden? Eine fieberhafte Forschungstätigkeit setzte ein, die noch immer nicht abgerissen ist. Bis heute tauchen Wissenschaftler wieder und wieder in die Tiefen des Meeres, um mehr über die geheimnisvollen Schlote der Tiefsee zu erfahren.

Inzwischen weiß man immerhin, dass die hydrothermalen Schlote vor allem an den mittelozeanischen Rücken liegen, dort, wo durch aufsteigendes heißes Magma aus dem Erdinneren neuer Meeresboden gebildet wird. In den letzten Jahrzehnten wurden rund um den Globus hunderte weitere Felder mit solchen unterseeischen „Schornsteinen" entdeckt. Und selbst diese – so glauben die Forscher – machen nur ein Prozent der möglicherweise weltweit vorhandenen Raucher aus. Typischerweise gruppieren sich die einzelnen „Vents", wie die Schlote auch genannt werden, zu Clustern, ähnlich wie es auch die Geysire des Yellowstone Parks tun. Die größten dieser Felder, wie beispielsweise das TAG-Feld am Mittelatlantischen Rücken, sind so groß wie ein Fußballfeld. In ihm liegt auch der höchste bisher entdeckte Schwarze Raucher, sein Schlot reicht knapp 50 Meter hoch und hat einen Durchmesser von gut 180 Metern. Solche Riesen tragen meist mehr oder weniger fantasievolle Namen wie „Godzilla", „Eiffelturm" „Lucky Strike" oder auch „Schlangengrube".

Das dunkle, mineralreiche Wasser, das aus vielen hydrothermalen Schloten aufsteigt, gab den „Schwarzen Rauchern" ihren Namen, hier ein Schlot am Kermadec-Bogen vor Neuseeland (© NOAA Vents Program)

Wenn die Erde rülpst – was sind Schwarze Raucher?

Im Prinzip sind die hydrothermalen Schlote nichts anderes als eine Art unterseeischer Geysir: Sie bilden sich dort, wo durch das Aufsteigen glutflüssiger Magma neuer Ozeanboden entsteht – an den mittelozeanischen Rücken. Rund 20 Kubikkilometer frischer Meeresboden bildet sich auf diese Weise Jahr für Jahr neu – eine Menge, die ausreicht, um alle Highways der USA mit einer drei Meter dicken Basaltschicht zu bedecken. Dieser Prozess verläuft jedoch nicht langsam und gleichmäßig, sondern sprunghaft und mit lokal und zeitlich wechselnden Geschwindigkeiten. Als Folge bilden sich Risse im Gestein des frischen Meeresbodens.

Durch diese Spalten kann Meerwasser eindringen und sickert in ihnen bis zu 1500 Meter in die Tiefe. Dort heizt es sich durch den Kontakt mit heißem Fels oder sogar flüssiger Magma auf bis zu 350 °C auf. Wegen des enormen Drucks verdampft das Wasser dabei jedoch nicht, sondern bleibt flüssig – „superheated" nennen die Wissenschaftler diesen speziellen Zustand. Während es durch andere Kanäle und Spalten wieder an die Oberfläche steigt, löst das überhitzte Wasser Metalle und Spurenelemente aus dem umliegenden Gestein und nimmt sie mit an die Oberfläche. Das heiße, säurehaltige und salzige Wasser trifft dort auf das nur 2 °C kalte, weniger salzhaltige Tiefenwasser des Meeres. Sehr schnell kühlt es auf nur noch knapp 100 °C, an einigen Vents sogar nur noch laue 17 °C ab.

Die gelösten Mineralien und Metalle fallen wieder aus und lassen im Laufe der Zeit die hohlen, schornsteinähnlichen Schlote der Raucher wachsen. Bei den Schwarzen Rauchern reagieren Kupfer, Zink und Eisenatome mit Schwefel zu einer Vielzahl von schwefligen Verbindungen, die das austretende Wasser schwärzlich färben. Inzwischen haben Geologen auch „weiße Raucher" entdeckt, deren Heißwasserfontäne vor allem Barium, Kalzium und Silikat in das umgebende Meerwasser katapultieren. Durch den ständigen Regen der ausfallenden Mineralien wachsen die Schlote der hydrothermalen Systeme – nach geologischen Maßstäben – geradezu rasant: Bis zu sechs Meter innerhalb eines Jahres legte der Schlot „Godzilla" vor der Küste Oregons zu, bis er, so hoch wie ein 15-stöckiges Gebäude, 1993 schließlich einstürzte.

Strömungsmotoren und Chemikalienschleudern

Je mehr Einblick die Ozeanologen und Geologen in die Welt der hydrothermalen Vents gewinnen, desto erstaunlicher werden die Erkenntnisse und Funde. Und mit diesen wächst auch der Verdacht, dass diese seltsamen Schlote am Meeresgrund von weitaus größerer Bedeutung sein könnten, als bisher angenommen. Offensichtlich schaffen sie nicht nur einen lokal begrenzten und reichlich exotischen Lebensraum für zahlreiche Tier- und Bakterienarten, sondern beeinflussen auch die Ozeane und letztlich die Erde als Ganzes.

Die zahlreichen Unterwassergeysire befördern im Laufe der Zeit gewaltige Wärme- und Chemikalienmengen aus dem Inneren der Erde an die Oberfläche. Die Meerwassermenge, die an solchen Schlotfeldern durch die Risse in den Boden einsickert, aufgeheizt und wieder ausgeschleudert wird, entspricht der Wassermenge, die jedes Jahr den Amazonas hinabfließt. Wissenschaftler schätzen, dass das aus den Schwarzen Rauchern ausströmende heiße Wasser für 34 Prozent des gesamten Wärmezustroms der Weltmeere verantwortlich ist. Die Zirkulation des Meerwassers in und durch die Risse der Erdkruste an diesen Schlotfeldern trägt damit ein Viertel der gesamten Wärmemenge des Planeten Erde bei.

Auch das chemische Gleichgewicht der Ozeane könnte – so die neue Erkenntnis – weitaus stärker vom Ausstoß der Schwarzen Raucher beeinflusst werden, als bisher angenommen. Geochemiker schätzen inzwischen sogar, dass alle sechs bis acht Millionen Jahre das gesamte Wasser der Weltmeere durch hydrothermale Zirkulation einmal komplett umgewälzt wird. Bisher galten die Einträge von Chemikalien über die Meeresküsten und Flüsse immer als die entscheidenden Faktoren der Ozeanchemie. Inzwischen wird jedoch deutlich, dass die Einträge durch hydrothermale Schlote mindestens ebenso bedeutend sein könnten. Das Wasser der Schlote reichert das Meerwasser mit Mineralien wie Kalzium und Natrium, gasförmigen Verbindungen wie Schwefelwasserstoff und Methan sowie Metallen wie Eisen, Kupfer und Mangan an. Gleichzeitig werden an den hydrothermalen Vents dem Tiefenwasser der Ozeane aber auch gelöste Stoffe entzogen: Magnesium und Sulfat beispielsweise reagieren mit anderen Elementen zu unlöslichen Verbindungen, fallen aus und sind damit – zumindest zeitweise – aus dem Verkehr gezogen.

Dass die Stoffe, die die heißen Quellen aus dem Erdinneren zutage fördern, keineswegs nur segensreich und nützlich sind, entdeckten Forscher des kanadischen Geological Survey Ende 1999: Als sie Wasser- und Gesteinsproben einiger hydrothermaler Schlote vor der Küste Neuseelands untersuchten, ergab die chemische Analyse extrem hohe Quecksilberwerte. Es zeigte sich, dass jeder der untersuchten Raucher im Laufe eines Jahres bis zu einem Kilogramm des hochgiftigen Schwermetalls aus den Sedimenten des Meeresbodens freisetzte. Noch ist unklar, ob und wie diese Quecksilberverbindungen in die marine Nahrungskette gelangen. Doch der kanadische Ozeanologe Bob Garrett wies bereits daraufhin, dass die an den Schloten lebenden Bakterien das reine Quecksilber in eine organische Form umwandeln, die besonders leicht von Fischen aufgenommen werden kann. Tatsächlich mussten japanische Fischer bereits in den 70er Jahren die Tunfischjagd in dieser Region aufgeben, weil ihre Fänge immer wieder unerklärlich hohe Quecksilberwerte aufwiesen. Ob auch die Schwarzen Raucher an anderen Stellen des Meeresbodens Quecksilberschleudern sind, ist nicht bekannt, unmöglich wäre es jedoch nicht.

Wandernde Wasserwirbel – das Rätsel der Plumes

Weit, weit unter der glatten Meeresoberfläche beginnt es: ein kurzes Rucken und Rülpsen und aus einem der Vulkane auf dem Meeresgrund bricht eine gewaltige Menge heißer Lava aus. Wo sie das Wasser berührt, beginnt dieses trotz des hohen Drucks sofort zu kochen und eine gewaltige Wolke heißen Wassers schießt nach oben. Plötzlich schäumt die ruhige Meeresoberfläche auf, Wellen schlagen hoch, Dampf steigt auf und verwandelt die Luft in ein kochendes, turbulentes Inferno. Die plötzlichen Temperatur- und Druckschwankungen beschleunigen die Luftströmungen bis nahe Schallgeschwindigkeit, ein gigantischer Sturm bricht los.

Was wie pure Hollywood-Dramatik klingt, könnte – vor rund 100 Millionen Jahren – Realität gewesen sein. Das jedenfalls glaubt Kevin Speer, Ozeanologe am Meeresforschungsinstitut im französischen Brest. Seit Jahren untersuchen er und andere Forscher weltweit das Verhalten der Plumes, der heißen Wassersäulen, die aus den Schloten der Schwarzen Raucher austreten – und entdeckten dabei Merkwürdiges. Heißes Wasser, das am Meeresboden zum Vorschein kommt, steigt normalerweise zunächst einmal in die Höhe, da es eine geringere Dichte hat als das umgebende kalte Tiefenwasser. Beim Aufstieg kühlt es langsam ab und in einer bestimmten Höhe schließlich entspricht seine Temperatur und Dichte genau der des übrigen Wassers – es bleibt stehen. An die Stelle der senkrechten Bewegung tritt nun die horizontale Ausbreitung. Langsam wird die Wasserwolke immer ausgedehnter und verdünnter, bis sie irgendwann nicht mehr vom restlichen Meerwasser unterscheidbar ist. Soweit jedenfalls die Theorie.

Genau dieses Verhalten erwarteten die Plumeforscher natürlich auch von den Plumes der hydrothermalen Schlote, die sie untersuchten. Doch weit gefehlt: Zwar stieg das heiße mineralienreiche Wasser brav auf und stoppte auch in einer bestimmten Wassertiefe, doch dann wurde es seltsam: Statt sich allmählich immer weiter auszubreiten, nahmen die Plumes eine flache, linsenförmige Form an und dachten gar nicht daran, sich verdünnen zu lassen. Im Gegenteil, noch in einer Entfernung von 1000 Kilometern von ihrem Ursprungsort konnten Geochemiker solche Plumes anhand ihres chemischen Fingerabdrucks identifizieren.

Wie aber ist das seltsame Verhalten der Plumes zu erklären? „Wir haben einfach übersehen, dass wir auf einem sich drehenden Planeten leben", erklärt Speer. Die Rotation der Erde versetzt die von den Schloten der Schwarzen Raucher aufsteigende Wassersäule in eine Drehbewegung, die ihr Auseinanderlaufen und Verdünnen verhindert. Von ihrem Ursprungsort abgetrennt, werden diese Wassersäulen zu 200 Meter dicken und zwei Kilometer breiten rotierenden Wasserlinsen und wandern einige hundert Meter über dem Boden durch das Meer. Welche Auswirkungen diese wandernden Wirbel haben könnten, versuchen Wissenschaftler nun mithilfe von Bojen, Farbe und unzähligen Wasserproben herauszufinden.

Anfang der 1990er Jahre sah der Klimatologe Dan Walker von der Universität von Hawaii in ihnen einen möglichen Verursacher des El Nino-Phänomens. Er musste dann aber einräumen, dass das nur wahrscheinlich wäre, wenn die Plumes bis zur Wasseroberfläche aufsteigen würden. Um sämtliche Schichten des Meerwassers zu durchdringen, bräuchte das Plume allerdings eine Hitzequelle am Meeresgrund, die alle bisher bekannten noch um das Tausendfache überträfe. Doch genau das könnte früher einmal der Fall gewesen sein: Vor rund 100 Millionen Jahren waren die Schichten des Ozeanwassers weniger stabil und die Vulkane am Meeresgrund sehr aktiv. Kerry Emanuel, ein Klimatologe des Massachusetts Institute of Technology (MIT), vermutet, dass ein Plume, das die Meeresoberfläche auf rund 50 °C aufheizt, schon ausreichen könnte, um einen gewaltigen Wirbelsturm, einen „Hypercane", auszulösen. Ein solcher Supersturm könnte Wasser und Staub bis in die Stratosphäre aufwirbeln und letztlich damit sogar das globale Klima beeinflussen.

Bakterienwolken und Tiefseeweiden – Leben am Schlot

Tiefsee – lange Zeit verbanden Ozeanologen und Meeresbiologen damit Dunkelheit, Kälte und nur einige wenige einzelne exotische Lebensformen. Doch mit der Entdeckung der hydrothermalen Schlote 1977 änderte sich dieses Bild dramatisch. Vor den Augen der verblüfften Wissenschaftler entfaltete sich ein wimmelndes Kaleidoskop des Lebens: Farbenfrohe Würmer aller Größen reckten sich dicht an dicht aus ihren Röhren, winzige Krebschen huschten durch das warme Wasser und der weiße Staub, den das Tauchboot aufwirbelte, war kein Staub sondern bestand aus Milliarden kleinster Bakterien. Die Entdeckung dieser Oasen des Lebens in der Tiefsee war nicht nur unerwartet, sie widersprach auch allen bestehenden Annahmen. Bisher galt alles Leben immer als direkt oder mindestens indirekt vom Licht abhängig. So wie an Land alle Nahrungsnetze letztlich auf den Pflanzen aufbauen, die durch Photosynthese Licht in organisches Material umsetzen, so müsse es auch im Meer sein. In der Tiefsee, so glaubte man, könne es allenfalls einige wenige primitive Organismen geben, die sich von dem ernähren, das aus den oberen, lichtdurchfluteten Wasserbereichen auf sie herabregne.

Wie aber passten nun die neu entdeckten Lebensgemeinschaften an den unterseeischen Schloten ins Bild? Verglichen mit dem umgebenden öden Ozeanboden quollen die Schlotfelder geradezu über vor Leben und Aktivität. 10.000 bis 100.000 Mal dichter als in der restlichen Tiefsee ballten sich hier die Organismen zusammen. Mehr als 300 neue Tierarten fanden Biologen allein in den letzten Jahren in diesen „Unterwassergroßstädten". Sie alle mussten einen Weg gefunden haben, um unabhängig von der Nahrungszufuhr von oben zu leben und sich zu vermehren. Die Lösung des Rätsels war ebenso klein wie zahlreich: die Schwefelbakterien. Meeresbiologen fanden bald heraus, dass diese winzigen Einzeller die giftigen Schwefeldämpfe der Schlote nicht nur bestens vertrugen, sondern sogar brauchten. Im Gegensatz zu Pflanzen nutzen Schwefelbakterien nicht das Sonnenlicht, sondern die Energie der chemischen Substanzen im heißen Schlotwasser, um organische Kohlenstoffverbindungen wie Zucker und Eiweiße zusammenzubauen.

Damit bilden die schwefelfressenden Mikroben die Grundlage für ein Nahrungsnetz der besonderen Art: Es ist bisher das einzige, in dem chemoautotrophe Lebewesen als Basis für eine ganze Lebensgemeinschaft dienen. Denn von den organischen Produkten der Bakterien profitieren nicht nur sie selbst, sondern auch alle anderen Organismen der wimmelnden Schlot-Community. Einige von ihnen ernähren sich direkt von den milliardenfach vorhandenen Einzellern: Vielborstige Würmer fressen sich gemächlich durch aufgewirbelte Bakterienwolken und unzählige winzige blinde Krebschen wuseln ameisengleich über die Basaltblöcke der Schwarzen Raucher und weiden den darauf wachsenden dichten Schwefelbakterienrasen ab. Doch es geht noch viel eleganter.

Die Mehrzahl der Schlotbewohner begnügt sich nicht damit, die Schwefelbakterien einfach zu fressen, sie lassen sie stattdessen für sich arbeiten – sie praktizieren Symbiose. Nach dem Motto: Eine Hand wäscht die andere, bieten Röhrenwürmer, Muscheln und Riesenbartwürmer den Bakterien eine sichere Behausung im Inneren ihrer Schalen oder sogar in ihrem Körper. Im Gegenzug liefern ihnen ihre winzigen Untermieter Zucker und andere energiereiche Verbindungen, von denen wiederum Würmer und Muscheln zehren können.

Besonders eklatant hat der Riesenbartwurm *Riftia* das Prinzip dieser auf beiderseitigen Vorteil gegründeten Beziehungsform verwirklicht. Auf den Schlotfeldern der pazifischen Rücken stellt er eine der dominierenden Tierarten dar. Schon von weitem sind die leuchtendroten Federbüschel zu erkennen, die aus seinen hellen Schutzröhren ins Wasser hinaus ragen. Der Riesenbartwurm trägt seinen Namen nicht von ungefähr: Bis zu drei Meter lang können die einzelnen Exemplare werden. Und nicht nur das. Sie sind auch von allen bisher bekannten Meerestieren die am schnellsten wachsenden – ein bis zwei Millimeter legen sie pro Tag zu.

Viele Schwarze Raucher sind dicht mit hitzeresistenten Röhrenwürmern bewachsen. Sie ernähren sich unter anderem von den Bakterien, die im mineralreichen Wasser gedeihen (© NOAA-OAR/University of Washington)

Aber woher nehmen die Tiere die Energie für dieses rasante Wachstum? Als Meeresbiologen die seltsamen Würmer näher untersuchten, entdeckten sie Verblüffendes: Sie fanden zwar Kopf, Rumpf und einen Fuß, mit dem sich die Bartwürmer am Untergrund verankerten, aber weder Mund oder Augen noch Darm oder After. Wie konnten sich diese „darmlosen Wunder" trotzdem ernähren? Des Rätsels Lösung waren –

wieder einmal – die Schwefelbakterien. In einem speziellen Organ im Körperinneren des Wurms, dem Trophosom, fanden die Biologen zahlreiche sackartige Zellen. Als sie diese unter dem Mikroskop untersuchten, zeigte sich, dass sie Milliarden von Bakterien enthielten. Allein in 29 Gramm Körpergewebe eines Wurms zählten sie 285 Millionen der winzigen Mikroorganismen. Noch ist die genaue Art der Symbiose zwischen Bartwurm und Bakterien nicht bis ins Einzelne verstanden. Klar ist jedoch, dass der Riesenbartwurm seinen Untermietern Schwefel, Sauerstoff und Kohlendioxid sozusagen „frei Haus" liefert und dafür im Gegenzug energiereiche Moleküle bekommt. Auf eine eigene Verdauung kann er dadurch offensichtlich komplett verzichten.

Leben in Dantes Inferno – Tricks gegen „höllische" Bedingungen

Die Bewohner der Schwarzen Raucher sind hart im Nehmen. Sie leben in einer brodelnden Giftbrühe mit Wassertemperaturen nahe dem Siedepunkt und Schwermetall- und Schwefelkonzentrationen, die jedes normale Lebewesen tot umfallen lassen würden. Wie schaffen es die Röhrenwürmer, Krebse und Muscheln dennoch, in diesem Inferno nicht nur zu überleben, sondern offensichtlich auch noch bestens zu gedeihen? Auch hier förderten die Untersuchungen der Meeresbiologen Erstaunliches zutage:

Es zeigte sich, dass der Riesenbartwurm *Riftia* nicht nur auf einen Verdauungsapparat verzichtet, sondern auch speziell angepasstes Blut besitzt. Normalerweise ist die Schwefelverbindung Sulfid für Wirbeltiere giftig. Sie blockiert die Sauerstoffbindungsstelle der roten Blutkörperchen und führt dadurch zum Ersticken. *Riftia* hat dieses Problem elegant gelöst, indem seine Blutkörperchen einfach einen zusätzlichen „Sulfid-Ankerplatz" einbauten. Dadurch kann Sauerstoff auch dann noch gebunden werden, wenn schon ein Sulfidmolekül angedockt hat – der Wurm überlebt so in der Schwefelbrühe, ohne in Atemnot zu kommen.

Bei anderen Schlotbewohnern sind es wieder die allgegenwärtigen Schwefelbakterien, die Abhilfe schaffen: Der Röhrenwurm *Alvinella* lebt in den heißesten und schwefligsten Bereichen der hydrothermalen Schlote. Er baut seine weißlichen, papierdünnen Wohnröhren nur Zentimeter vom Austrittsort der kochend heißen Giftbrühe entfernt – dort, wo pausenlos hochgiftige Mineralien und Schwermetalle auf ihn niederregnen. Entsprechend ungemütlich ist auch das Wasser innerhalb der Wurmröhre. Doch *Alvinella* hat einen Schutzpanzer der besonderen Art: Auf seiner Körperoberfläche tummeln sich mehr als 30 unterschiedliche Bakterienarten. Wie ein lebendiger, weißlicher Mantel umgeben sie den Wurm dicht an dicht. Die Meeresbiologin Carol Di Meo vermutet, dass die Bakteriendecke als eine Art tragbarer Kläranlage die Giftstoffe aus dem Wasser entfernt und so den Wurm vor Vergiftungen schützt.

Auch die Hitzeunempfindlichkeit des zehn Zentimeter langen Röhrenwurms stellt die Wissenschaftler vor ein Rätsel. Wenn *Alvinella* in ihrer Wohnröhre sitzt, badet ihr Kopf in angenehmen 20 °C. Ihr Schwanz jedoch, der direkt an der Schlotwand liegt, ist Temperaturen von mehr als 80 °C ausgesetzt. Vor einigen Jahren fotografierten französische Biologen einen Wurm, der seine Röhre verlassen und sich um eine Temperatursonde der Forscher geringelt hatte – das Thermometer zeigte dabei 105 °C an. Bisher weiß niemand, wie der Wurm es schafft, bei diesen Temperaturen zu überleben. Normalerweise beginnen die Enzyme und andere Eiweiße aller bekannten Vielzeller sich bereits bei 50 °C zu zersetzen, *Alvinella* kann dies offensichtlich verhindern. Doch wie? Der Biologe Craig Cary von der University of Delaware glaubt zwar, dass vielleicht die Bakterien dem Wurm dabei helfen, besonders hitzeresistente Enzyme zu produzieren, doch nachweisen konnte man diese sogenannten Extremozyme bisher nicht.

Garten Eden unter dem Meer – hydrothermale Schlote statt Ursuppe?

Die lichtdurchflutete Ursuppe ist out, das brodelnde Inferno der hydrothermalen Schlote dagegen in – so jedenfalls die provokante These einiger Evolutionsforscher, die sich mit den hydrothermalen Schloten als möglichen Kandidaten für die Brutstätte des Lebens beschäftigen. In den gut 30 Jahren seit der Entdeckung der unterseeischen Geysire hat die Erforschung dieser bizarren Lebensgemeinschaften einige neue Erkenntnisse gebracht – und mit ihnen auch immer neue Fragen. Entstand vor Milliarden von Jahren das Leben auf der Erde vielleicht nicht, wie bisher angenommen, an der Meeresküste sondern in der Tiefsee? Waren die höllischen Schlote der Black Smoker vielleicht in Wirklichkeit der Garten Eden unseres Planeten?

Für Everett Shock von der Washington University in St. Louis ist die Antwort klar: Die Schlote sind die Wiege des Lebens. Hier, wo sich heißes, mineralienreiches Wasser aus dem Erdinneren und kaltes Tiefenwasser mischen, herrschten vor 3,5 bis 3,8 Milliarden Jahren ideale Bedingungen für die Entstehung der ersten organischen Moleküle und aus ihnen der ersten Zellen. An der Oberfläche des Meeres dagegen, glaubt der Forscher, war es in der Frühzeit der Erde viel zu unsicher und instabil: Ständig schlugen Meteoriten ein und die harte Strahlung aus dem Weltraum hätte dem neu entstandenen Leben sofort wieder den Garaus gemacht.

Auch der Biologe John Baross ist dieser Ansicht: „Der einzige sichere Platz, an dem auch das lebensnotwendige Wasser vorhanden war, ist in der Nähe der hydrothermalen Schlote." So lebensfeindlich die Bedingungen in 2500 Metern Tiefe erscheinen mögen, Experimente zeigen, dass auch unter dem extremen Druck und dem Dauerdunkel der Tiefsee die molekularen Bausteine des Lebens durchaus entstehen können. Wissenschaftlern der Carnegie University in Washington gelang es, aus Nitrat, Eisensulfid und Wasser bei 500 °C und einem Druck von 500 Atmosphären Ammoniak herzustellen – eine notwendige Vorstufe für die Bildung komplexerer Moleküle. Die deutschen Chemiker Günter Wächtershäuser und Claudia Huber von der TU München sehen in den Metallsulfiden der Schwarzen Raucher die entscheidenden Katalysatoren für die ersten Schritte des Lebens. In ihren Experimenten koppelten sich sogar Aminosäuren bei 100 °C und hohem Druck zu Peptiden zusammen – und vollzogen damit einen weiteren Schritt in Richtung Leben.

Inzwischen liefern auch genetische Untersuchungen an den schlotbewohnenden Schwefelbakterien den Verfechtern dieser Theorie des „Garten Eden der Tiefsee" weitere Indizien. Eine Analyse ihres Erbguts ergab, dass sie keiner der bestehenden Großgruppen der Organismen zuzuordnen sind. Die neu entdeckten Bakterien bilden offenbar neben den Einzellern ohne Zellkern und den Organismen mit Zellkern, zu dem alle höheren Lebewesen zählen, einen dritten Ast am Stammbaum des Lebens – das Reich der Archaebakterien, den urtümlichsten Organismen. Doch trotz vieler Indizien und neuer Theorien ist die Frage nach dem

Ursprung allen irdischen Lebens noch lange nicht endgültig geklärt, zu vieles liegt noch im Dunkeln – im Fall der hydrothermalen Schlote sogar im wahrsten Sinne des Wortes.

Zur Ausbeutung freigegeben?
Kommerzielle Nutzung der Vents

Gold, Silber, Kupfer – die Ergebnisse der Forschungsexpeditionen zu den Schwarzen Rauchern lassen inzwischen keineswegs nur Wissenschaftlerherzen höher schlagen. Spätestens seitdem viele Raucher sich als Goldgruben im wahrsten Sinne des Wortes herausgestellt haben, beginnen sich auch kommerzielle Unternehmen immer stärker für die Geysire der Tiefsee zu interessieren. Bis zu 30 Gramm Gold pro Tonne Gestein haben Forscher am Meeresgrund um die Schlote gefunden, das ist 30 Mal mehr als das eine Gramm Gold pro Tonne, das an Land bereits als lukrativ gilt. Das Schlotgestein enthält zudem im Durchschnitt bis zu 15 Prozent Kupfer und bis zu 1200 Gramm Silber pro Tonne. Die Werte, die daher allein in Form von Gold, Silber und Kupfer in rund 2500 Metern Tiefe warten, sind daher beträchtlich. Experten schätzen die potenzielle Ausbeute eines rund 5200 Quadratkilometer großen Schlotgebietes in der Bismarcksee vor Papua-Neuguinea beispielsweise schon auf mehrere Milliarden Dollar – ein wahres Eldorado?

Nicht ganz. Einer schnellen oder gar einfachen Ausbeutung dieser Bodenschätze stehen gleich mehrere Faktoren im Weg: Zum einen die extreme Unzugänglichkeit. Die reichen Vorkommen müssen nicht nur erst einmal gefunden werden, zwischen ihnen und der gewinnbringenden Nutzung liegen im Extremfall 2500 Meter Wassertiefe und der Druck von rund 250 Atmosphären. Eine Ausbeutung in großem Maßstab wäre daher in den meisten Fällen nach heutigem Stand der Technik extrem aufwendig und wohl kaum rentabel. Dennoch haben sich die ersten Firmen bereits die Schürfrechte für bestimmte Areale gesichert. Der australische Konzern Neptun Minerals kündigte an, mit dem kommerziellen Erzabbau in einem Schlotfeld vor der Küste Neuguineas beginnen zu wollen und hat die entsprechenden Lizenzen bereits erworben.

Doch nicht nur technische Probleme stehen der Ausbeutung der Schlotfelder entgegen. Inzwischen machen auch Umweltschützer und

Meeresbiologen mobil. Sie fürchten, dass die Eingriffe durch Erz- oder Ölabbau die sensiblen und einzigartigen Lebensgemeinschaften der Schlote stören und sogar irreparabel schädigen könnten. Als Folge geriete im schlimmsten Falle nicht nur das ökologische Gleichgewicht an den hydrothermalen Schlotfeldern selbst, sondern unter Umständen sogar ozeanweit ins Trudeln. Einige Wissenschaftler fordern daher eine Art Nationalpark-Konzept für die mittelozeanischen Rücken, bei dem zwar Forschung, nicht aber kommerzielle Ausbeutung zugelassen ist. Andere, unter ihnen die Meeresgeologin Rachel Haymon von der University of California in Santa Barbara, gehen noch weiter. Sie sind dafür, die Vents generell zu Tiefseeschutzgebieten zu erklären, in denen nur „just look, don't touch"-Forschung gestattet werden soll. Welches Konzept sich auch immer durchsetzt, realisiert werden kann es ohnehin nur, wenn Wissenschaftler und Regierungen weltweit sich auf Schutzkonzept und die jeweils darunter fallenden Areale einigen können.

Aber nicht nur die Bodenschätze der hydrothermalen Schlote bergen ein großes Potential für eine kommerzielle Ausbeutung. Auch die in und an den Rauchern lebenden Organismen könnten für die Biotechnologie und Pharmaindustrie zur Goldgrube werden. Durch die Anpassung an die geradezu höllischen Lebensbedingungen der Vents – schwefelhaltiges Wasser, kaum Sauerstoff, enormer Druck und hohe Temperaturen – eröffnen die Schlotbewohner Wissenschaft und Industrie völlig neue Perspektiven für die Lösung einiger der dringendsten Probleme der Erdoberfläche.

Die an den Schwarzen Rauchern gefundenen Schwefelbakterien beispielsweise gehören zu den widerstandsfähigsten Organismen der Welt. Hochgiftige Chemikalien und radioaktiv strahlendes Material, das allen anderen Lebewesen sofort den Garaus machen würde, verspeisen sie sozusagen „zum Frühstück". Und nicht nur das, sie wandeln das Ganze sogar noch in Energie um. Wenn es gelänge, die Schlotbakterien auch unter den Bedingungen der Erdoberfläche zu kultivieren, könnten diese Giftfresser – einmal freigesetzt – ganze Landstriche von radioaktiver Verseuchung befreien, giftige Abwässer reinigen und mit Schwermetallen durchsetzten Boden säubern.

Aber ihr potentieller Nutzen erstreckt sich keineswegs nur auf die Abfallbeseitigung. Große Hoffnungen knüpfen Forscher vor allem an die speziell angepassten Enzyme der hitzeliebenden Schlotbewohner.

Während normale Enzyme, wie alle Eiweißverbindungen, schon bei Temperaturen von 40–50 °C denaturieren und damit ihre Wirksamkeit verlieren, sind die sogenannten Extremozyme auch bei größerer Hitze noch stabil. Dadurch können enzymgesteuerte Reaktionen heißer und damit gleichzeitig schneller ablaufen. Entscheidende Prozesse der Biotechnologie wie die für das Klonen von DNA eingesetzte Polymerase-Kettenreaktion (PCR) würden damit entsprechend beschleunigt und somit effektiver. Auch das Risiko von Verunreinigungen bei biochemischen Reaktionen ließe sich deutlich herabsetzen, da sich bei höherer Temperatur alle unerwünschten Eiweiße und Enzyme zersetzen und die Extremozyme so ungestört ihre Arbeit verrichten können. Praktischen Nutzen könnte dies beispielsweise bei der Produktion von Biocomputerchips finden.

Auch die Medizin möchte sich von den „Wesen der Unterwelt" einiges abschauen. Die Riesenbartwürmer der Schwarzen Raucher sollen beispielsweise dabei helfen, die tödlichen Eisenmangel-Erkrankungen beim Menschen besser zu verstehen und vielleicht eines Tages sogar zu heilen. Für die Bekämpfung von bisher noch unheilbaren Infektionskrankheiten oder gegen die gegen konventionelle Mittel bereits resistenten Erreger erhofft man sich neue Heilmittel aus den Tiefen des Meeres. Aber auch diese „schöne neue Welt" der Wundermittel könnte zu Lasten der bisher noch weitgehend ungestörten Tiefseeökosysteme gehen. Gefragt ist hier in jedem Falle eine möglichst verträgliche Lösung, die intensive Forschung mit einem schonenden Umgang mit den wertvollen Ressourcen verbindet.

Die ungelösten Rätsel der hydrothermalen Schlote

Rund 30 Jahre ist es inzwischen her, seit das Tauchboot Alvin vor den Galapagos-Inseln die ersten Schwarzen Raucher entdeckte. Seither beobachteten, erforschten und analysierten Wissenschaftler aus aller Welt diese exotischen Oasen des Lebens in der Tiefsee. Aber unzählige Fragen sind noch immer ungeklärt, viele Rätsel ungelöst. Im Dunkeln tappen beispielsweise die Geologen bei der Frage, warum die hydrothermalen Schlote an einigen mittelozeanischen Rücken vorkommen, an anderen dagegen nicht. Zwar ist bisher nur ein kleiner Teil der insgesamt

50.000 Kilometer langen mittelozeanischen Rücken erforscht, aber auch die wenigen untersuchten Stellen zeigen bereits eine deutliche Ungleichverteilung der Schlotfelder. Auch die Chemie der hydrothermalen Vents ist weder überall noch immer gleich: Sie variiert von Ort zu Ort und auch zeitlich. Wissenschaftler entdeckten, dass einzelne Schlote und auch ganze Schlotfelder Jahrtausende lang immer den gleichen Chemikaliencocktail ausspeien, aber genauso innerhalb von Tagen ihre gesamte Zusammensetzung komplett verändern können. Warum dies so ist, weiß jedoch niemand.

Fragen über Fragen auch bei den Biologen: Wenn sich die hydrothermalen Schlote im Laufe der Zeit verändern, sie aufhören, ihre heiße Mineralienbrühe zu speien oder der plötzliche Ausbruch eines unterseeischen Vulkans alles mit Lava bedeckt, wo bleiben die Organismen? Wie finden und kolonialisieren sie einen neuen Schlot? Lassen sie sich passiv von den Meeresströmungen mittragen, wie einige Forscher vermuten? Oder ist diese „Lucky-Larvae"-Theorie falsch, und sie nutzen bestimmte chemische Signaturen des Meerwassers, um diesen wie einer Duftspur zum Ziel zu folgen? Wie schaffen sie es, Reisen von vielen Kilometern im freien Ozean zu überleben? Oder reisen sie gar nicht und die heute weit verstreuten Schlotfelder sind erst im Laufe der Erdgeschichte auseinandergedriftet? Und warum findet man die Riesenbartwürmer nur in den Schlotfeldern des Pazifik, während die atlantischen Schlote von augenlosen Krebsen dominiert werden? Fast jede Tauchfahrt in die Welt der Schwarzen Raucher liefert den Forschern ebenso viele neue Fragen wie Antworten. Und ein Ende der immer neuen erstaunlichen und exotischen Entdeckungen aus den Tiefen des Meeres scheint bisher nicht in Sicht ...

Asphaltvulkane – bizarrer Lebensraum auf Salz und Bitumen

4

Dieter Lohmann

> **Zusammenfassung**
>
> Ihr Grundgerüst besteht aus Salz, sie spucken Asphalt statt Lava und auf ihren Flanken tummeln sich viele exotische Organismen: Die vor knapp zehn Jahren im Golf von Mexiko entdeckten Asphaltvulkane der Tiefsee gelten als eines der ungewöhnlichsten Ökosysteme der Erde, als bizarrer Lebensraum in eisiger Kälte und totaler Finsternis. Nur wenige Male haben Forscher mithilfe von ferngesteuerten Tauchrobotern die bis zu 800 Meter hohen Hügel am Meeresboden besucht und dabei erste Einblicke in das Geschehen in rund 3300 Metern Tiefe gewonnen. Doch noch immer handelt es sich bei ihnen um eine Art „Black box", eine Welt voller Rätsel.

Spuckende Salzhügel – die Entdeckung einer neuen Art von Vulkanismus

1. November 2003, einige Stunden nach Mitternacht. Das deutsche Forschungsschiff Sonne befindet sich auf seiner insgesamt 174. Forschungsexpedition und hat von Balboa in Panama kommend schon vor einiger Zeit den Golf von Mexiko erreicht. Eigentlich geht es dem internationalen Wissenschaftlerteam auf der sechswöchigen Reise vor allem um Gashydrate. Die Forscher um Professor Gerhard Bohrmann vom DFG Forschungszentrum Ozeanränder an der Universität Bremen und Professor Ian MacDonald von der Texas A&M University (TAMU) in Corpus Christi wollen bisher unbekannte Vorkommen dieser eisähnlichen Verbindungen aus Methan und Wasser aufspüren. Ihr Ziel ist es

aber auch, offene Fragen im Zusammenhang mit diesem Phänomen zu klären.

Auf der Suche nach „Brennendem Eis", wie man die Gashydrate aufgrund ihrer leichten Entzündbarkeit auch nennt, haben die Forscher in den letzten Tagen die Campeche Bucht nordwestlich der mexikanischen Halbinsel Yucatan inspiziert. Mithilfe eines Fächerecholots sind sie bei der Kartierung von 7000 Quadratkilometern bisher unbekannten Meeresbodens in rund 3300 Metern Wassertiefe auf 22 riesige Hügel gestoßen. Diese so genannten Campeche Knolls sind für die Wissenschaftler keine große Überraschung. Denn dass es sie am unteren Kontinentalhang der Campeche Bucht gibt, vermuten die Forscher schon lange. Die „Baumeister" dieser Tiefseehügel sind Salzstöcke, die aus acht bis 15 Kilometern Tiefe nach oben drängen und dabei die Campeche Knolls aus dem Meeresboden herausdrücken.

Erstmals jedoch können Bohrmann und seine Kollegen jetzt die genaue Form und Lage der ungewöhnlichen Tiefseehügel bestimmen. Sie finden lang gestreckte Rücken, aber auch rundliche Kuppen mit 450 bis 800 Metern Höhe und einem Durchmesser von fünf bis zehn Kilometern. Wie ein riesiges Dünenfeld überziehen sie den Ozeanboden. Schon diese Kartierung ist ein großer wissenschaftlicher Erfolg, doch die eigentliche Sensation soll erst noch folgen. Die Wissenschaftler an Bord haben sich entschlossen, drei dieser Campeche Knolls genauer unter die Lupe zu nehmen. Sie schicken deshalb den TV-Schlitten OFOS (Ocean Floor Observation System) zum Meeresboden hinunter. Dieses unbemannte Mini-U-Boot ist unter anderem mit Scheinwerfern und Bild- und Videokameras bestückt und soll erste „Live-Aufnahmen" des kleinsten aller gefundenen Hügel liefern.

Während OFOS vorsichtig über den Meeresboden gezogen wird, starren die Wissenschaftler an Bord der Sonne gebannt auf die Monitore. Die Bilder aber sind zunächst relativ unspektakulär und zeigen nur ein trostloses, wüstenartiges Unterwasserszenario. Doch das ändert sich schon bald. Denn im Scheinwerferlicht tauchen mysteriöse schwarze Strukturen am Boden auf, die von zahlreichen Rissen und Spalten überzogen sind. Einige davon erinnern stark an die auffälligen Basaltlavaströme auf Hawaii. Doch das ist noch nicht alles: Zur großen Überraschung der Forscher wimmelt es hier von Leben. Schon auf den ersten Blick sind Bartwürmer, aber auch Muscheln, Krebse oder Fische zu erkennen, die sich in dieser exotischen Tiefsee-Oase scheinbar überaus wohl fühlen.

Aber was ist das für ein merkwürdiger Bodenbelag, der auf einer Fläche von rund einem Quadratkilometer Größe zu finden ist? Und wovon ernähren sich die entdeckten Organismen in der totalen Finsternis der Tiefsee? Die Wissenschaftler stehen zunächst vor einem Rätsel. Um Antwort auf diese Fragen zu erhalten, wird ein so genannter Video-Greifer eingesetzt. Der Roboter nimmt gezielt Bodenproben, die dann an Bord ausführlich untersucht werden. Als die Ergebnisse der Analysen vorliegen ist die Überraschung perfekt: Neben den tiefsten bisher geborgenen Gashydraten finden die Forscher Öl und vor allem ein Material mit dem sie überhaupt nicht gerechnet haben: Asphalt. Offenbar handelt es sich bei den Campeche Knolls um Unterwasser-Vulkane, aus denen aber kein Lavabrei, sondern Asphalt fließt.

„Nur selten hat man als Forscher die Gelegenheit völlig unbekannte Dinge zu entdecken. Auf der Erde bietet das in diesem Maße nur die Tiefsee. Eigentlich haben wir nur nach Methanvorkommen am Meeresboden gesucht, doch stattdessen haben wir eine neue Art von Vulkanen mit einem komplexen Ökosystem gefunden", erläutert Bohrmann später die überraschenden Funde.

Kunstwerke der Tiefsee – wie entstehen Asphaltvulkane?

Austritte von Gasen und Flüssigkeiten aus dem Meeresboden sind nichts Ungewöhnliches in den Ozeanen. So hat man in den letzten 30 Jahren neben Schwarzen und Weißen Rauchern auch so genannte Cold Seeps entdeckt. Dabei handelt es sich um kalte Quellen am Grund der Meere, aus denen beispielsweise Methan sickert. Doch Salzhügel, die aus ihren Kratern eine ungewöhnliche Mischung aus Asphalt und Öl spucken? Das war neu.

Ian MacDonald von der TAMU kommentierte die Ergebnisse deshalb im Jahr 2004 im Wissenschaftsmagazin *Science* so: „Wir haben den Beweis für Asphaltvulkanismus entdeckt. Ein neues geologisches Phänomen, das wir in der Tiefsee niemals erwartet hätten. Die Fließschemata der Lava-ähnlichen Asphaltablagerungen legen nahe, dass das Material zunächst heiß war und die Hänge über mehrere Hundert Meter herunter floss, bevor es aushärtete." Das Forscherteam nannte deshalb den untersuchten Tiefseehügel mit fünf Kilometern Durchmesser und circa 400 Metern Höhe „Chapopote", nach dem aztekischen Wort für Teer.

Doch die auffälligen, zum Teil meterdicken Ströme, die höchstwahrscheinlich in mehreren aufeinander folgenden Eruptionen entstanden, blieben nicht die einzigen spektakulären Entdeckungen. Ein auffälliger Krater an der Spitze des Vulkangebäudes, Asphaltgebilde, die wie bizarre Kunstwerke aussehen, und steile Vulkanhänge mit bis zu 20 Grad Neigung offenbarten sich den Blicken der staunenden Wissenschaftler. „Ungefähr jeder zweite Tiefseehügel in der Campeche Bucht hat einen Krater, aus dem möglicherweise Asphaltströme geflossen sind", so Bohrmann. Bei vier der Campeche Knolls weiß man es sicher. Dort hat man mittlerweile größere Asphaltflächen gefunden.

Doch warum existieren Asphaltvulkane gerade im Golf von Mexiko und vermutlich sogar nur dort? Für die Wissenschaftler ist der Fall klar. Die geologische Situation in der Region ist maßgeschneidert für Asphaltvulkanismus: Hier gibt es Wassertiefen von mindestens 3000 Metern, Salzstöcke und größere Erdölvorkommen im Meeresboden. Und genau diese drei Bedingungen müssen nach Ansicht der Forscher erfüllt sein, damit dieses Phänomen entstehen kann.

Die zahlreichen gewaltigen Salzstöcke oder Diapire in der Campeche Bucht stammen aus der Zeit vor rund 200 bis 140 Millionen Jahren, als im Jura-Zeitalter der Urkontinent Pangäa auseinanderbrach und die Dinosaurier schon seit einiger Zeit über die Erde herrschten. Damals trockneten Teile des entstehenden Atlantiks aus und die im Wasser gelösten Salze sammelten sich in dicken Schichten. Diese bis zu 1000 Meter mächtigen Ablagerungen wurden später von neuen Sedimenten überdeckt und durch Absenkungen des Untergrunds bis in Tiefen von acht bis 15 Kilometern verlagert. Salz besitzt jedoch eine geringere Dichte als das umgebende Gestein. Dies und der enorme Druck tief unter dem Meeresboden sorgten Millionen Jahre später dafür, dass das Salz in Schwächezonen der Erdkruste wieder aufsteigen konnte. Dabei gelangten die Salzdome an einigen Stellen sogar bis an die Erdoberfläche und bildeten das Gerüst für die Vulkankegel. Der ebenfalls benötigte Asphalt entsteht in der Natur immer dann, wenn bestimmte Mikroorganismen – zum Teil viele tausend Meter tief im Meeresboden – Erdöl als Nahrungsquelle nutzen und dabei zersetzen. Und Erdöl gibt es im Golf von Mexiko reichlich. Jährlich werden hier weit mehr als eine halbe Milliarde Barrel des schwarzen Goldes gefördert.

Ein Lift für Asphalt – wie kommt das Material an seinen Bestimmungsort?

Wassertiefe? Ausreichend. Asphalt? Vorhanden. Salzhügel? Überall zu finden. Die Grundvoraussetzungen für den Asphaltvulkanismus sind im Golf von Mexiko gegeben. Doch noch galt es, ein entscheidendes Rätsel zu lösen, um das Phänomen schlüssig zu erklären: den Transport des Asphalts aus den Tiefen der Erdkruste zum Meeresboden. Eine Lösung dafür zu finden, bereitete den Wissenschaftlern zunächst einiges Kopfzerbrechen. Wie kann so ein „Aufzug" für Asphalt aussehen? Schließlich sind unter Umständen Entfernungen von mehreren tausend Metern zu überwinden. Und flüssig bleiben muss der Asphalt auf dem Weg nach oben auch noch.

Bei ihren Überlegungen stießen die Wissenschaftler schließlich im Jahr 2005 auf eine „magische Substanz", mit der sie alle Vorgänge provokant, aber schlüssig erklären konnten. So genanntes „superkritisches Wasser", so die Theorie, sollte danach für den kontinuierlichen Asphaltstrom verantwortlich sein. Dieser ungewöhnliche Zustand von Wasser entsteht immer dann, wenn es einem Druck von 300 Bar oder mehr ausgesetzt ist und zudem stark erhitzt wird. Das Wasser kann dann weder kochen noch verdampfen und gerät in einen Zustand, der irgendwo zwischen flüssig und gasförmig angesiedelt ist.

Im Golf von Mexiko und speziell an den Campeche Knolls sind die Bedingungen für die Bildung von „superkritischem Wasser" mehr als erfüllt. Für den notwendigen Druck sorgen allein schon die 3300 Meter Wassersäule, die auf dem Meeresboden lasten. Wenn dann Wasser in der Erdkruste noch über Spalten und Risse im Gestein extrem heißem Magma nahe kommt, ist die notwenige Temperatur von 405 °C schnell erreicht. Das superkritische Wasser besitzt völlig andere Eigenschaften als normales Wasser. Es wiegt nicht nur erheblich weniger, sondern kann auch organisches Material wie Asphalt lösen, mischt sich aber nicht mit anorganischem Material wie Salz.

Und was hat das alles mit den Asphaltvulkanen zu tun? Ganz einfach. Die Wissenschaftler vermuten, dass superkritisches Wasser im Salz aufgrund seiner geringen Dichte in speziellen Poren oder Kanälen nach oben drängt. Dabei löst es Asphalt und verschiedene Mineralien aus den Sedimenten und nimmt diese Substanzen mit auf die Reise nach oben. Das explosionsartig aufsteigende Gemisch wird dabei vom umgebenden Salz wie von einer Wärmedecke umhüllt und kühlt deshalb kaum ab. Noch im Krater hat es daher genügend Hitze, um den Asphalt weiter flüssig zu halten. Die Folge: Lava-ähnliche Ströme fließen zum Teil Hunderte von Metern die Hänge hinab, bevor der Asphalt im gerade mal 4 °C warmen Meerwasser erstarrt. Die flüchtigen Bestandteile – beispielsweise Gase oder leichte Öle – haben das Gemisch dann längst verlassen und steigen in Form kleiner Tröpfchen oder Blasen zur Meeresoberfläche auf.

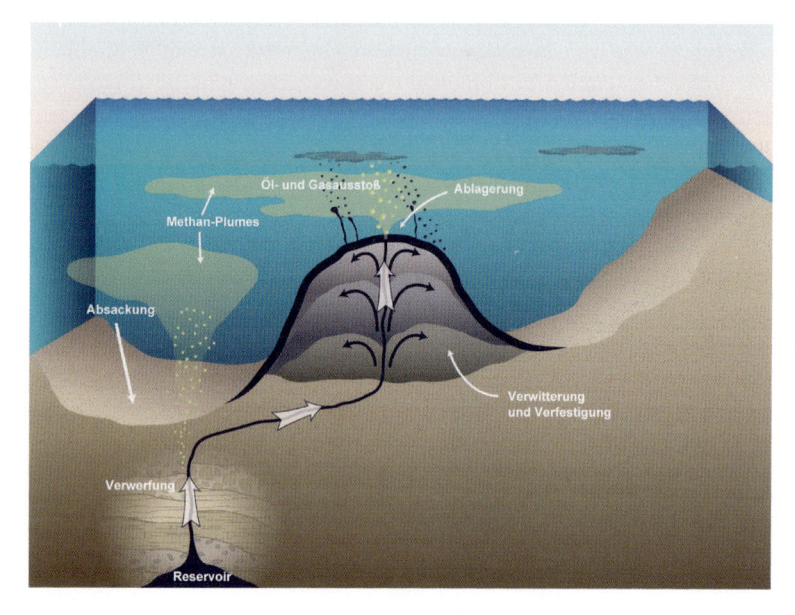

Dieses Schema zeigt die Entwicklung eines Asphaltvulkans, wie sie beispielsweise am Meeresboden vor der kalifornischen Küste vorkommen (© Jack Cook/Woods Hole Oceanographic Institution)

Dieses Szenario der Wissenschaftler könnte beispielsweise erklären, warum auf Satellitenbildern oft Ölflecken über Asphaltvulkanen zu erkennen sind, die als eine Art Wegweiser dienen. „Wir suchen Asphaltvulkane, indem wir auf Satellitenbildern nach relativ kleinen Ölflecken auf dem Wasser schauen. Diese stammen von Öl, das aus 3000 Metern Tiefe an die Oberfläche steigt. Finden wir Stellen, an denen sich die Ölflecken über lange Zeit am selben Ort halten, lohnt es sich nachzusehen, ob dieses Öl aus einem Asphaltvulkan aufsteigt", so Bohrmann. Noch einige weitere Indizien sprechen eindeutig für diese Theorie, die der Meeresgeologe und seine Kollegen im Jahr 2005 in der Fachzeitschrift *Eos* veröffentlichten. So haben Wissenschaftler schon vor einiger Zeit an Schwarzen Rauchern superkritisches Wasser aufgespürt. Die Hypothese erläutert zudem elegant, warum sich die Asphaltströme und die Strukturen der basaltischen Lava auf Hawaii so überraschend ähnlich sehen.

Erklärung gefunden – Problem gelöst? Keineswegs. Denn echte Beweise für ihre Theorie konnten die Wissenschaftler bislang nicht vorlegen. Und die „Supercritical Water Hypothesis" ist längst nicht die einzige Erklärung, die Wissenschaftler für das Phänomen der Asphaltvulkane parat haben. So halten sie es ebenso für möglich, dass es sich bei den Asphalteruptionen nicht um heiße, sondern um kalte Quellen handelt. Damit der Asphalt flüssig bleibt und aus dem Erdinneren aufsteigen kann, müsste dann aber der Anteil an Gasen und Ölen im Gemisch sehr viel höher sein als bisher angenommen. An der Meeresbodenoberfläche würde es dann mit der Zeit zu einem Ausgasen kommen. Die Gase sammeln sich dabei zunächst in Blasen und treten dann ins Wasser aus. Damit aber verlieren die Asphaltströme ihre Fließfähigkeit und erstarren irgendwann. Welche ihrer Theorien nun die Richtige ist, wagen die Wissenschaftler bisher nicht vorherzusagen.

Energie ohne Licht – auf der Suche nach dem Lebenselixier

Asphalt ist billig, relativ strapazierfähig und in großen Mengen verfügbar. Deshalb ist er perfekt geeignet als Belag für unsere Land- und Bundesstraßen und Autobahnen. Als Lebensraum dagegen scheint dieses Material denkbar ungeeignet. Denn es besteht aus einer schwer verdaulichen Mischung von Gesteinen und vor allem Bitumen oder Erdpech – langkettigen Kohlenwasserstoffen mit gebundenem Schwefel, Sauerstoff, Stickstoff und winzigen Spuren von verschiedenen Metallen. „Trotzdem haben wir jetzt ein ganzes Ökosystem gefunden, dass nicht nur auf Asphalt lebt, sondern sich anscheinend auch von ihm ernährt", beschreibt Bohrmann die Situation an den Asphaltvulkanen in 3300 Meter Tiefe vor der Küste der mexikanischen Halbinsel Yucatan. Neben ganzen Büscheln von Bartwürmern gibt es verschiedene Muschelarten, Krebse, sesshafte korallen- oder schwammartige Gebilde, Fische und vor allem: gewaltige Mengen an Bakterien.

Schon häufiger hat man in den letzten 30 Jahren an Schwarzen und Weißen Rauchern oder Süßwasserquellen unterhalb der Meeresoberfläche ähnliche, ebenfalls ungewöhnlich vielfältige Lebensgemeinschaften entdeckt. Da in all diesen Oasen des Lebens Licht absolute Mangelware ist und damit auch keine Photosynthese möglich ist, mussten sich die Organismen hier etwas Besonderes einfallen lassen, um zu überleben – die Chemosynthese. Im Gegensatz zu Pflanzen nutzen Bakterien hier keine Sonnenstrahlen, sondern die Energie von Methan oder Schwefelwasserstoff, um organische Kohlenstoffverbindungen wie Zucker und Eiweiße aufzubauen. Die Schwefel- oder Methanfresser bilden so die Grundlage für das gesamte Nahrungsnetz. Manche der Chemosynthese betreibenden Mikroorganismen haben sich sogar in den Eingeweiden und Kiemen von Röhrenwürmern und Muscheln eingenistet. Im Tausch gegen ein sicheres Dach über dem Kopf liefern diese symbiotischen Bakterien ihren Wirten dann Zucker und andere organische Substanzen zur Ernährung frei Haus.

Die ebenfalls auf Chemosynthese beruhenden Lebensgemeinschaften auf den Asphaltvulkanen unterscheiden sich nach ersten Erkenntnissen der Wissenschaftler jedoch grundlegend von denen an Schwarzen Rauchern oder Cold Seeps. Denn wie erste Analysen der Bodenproben aus dem Jahr 2003 ergeben haben, fehlen in den Meter dicken Asphaltschichten die wichtigsten Grundnahrungsmittel der Tiefsee, Methan und Schwefelwasserstoff, fast völlig. „Welche Verbindungen die Organismen an den Asphalt-Vulkanen genau nutzen, und wie das Geflecht des Lebens in diesem System gewebt ist, müssen wir jetzt herausfinden", sagte Bohrmann kurz nach der Entdeckung der Asphaltvulkane im Jahr 2003. Und sein Kollege MacDonald ergänzte: „Vulkanischer Asphalt als Heimat für Chemosynthese betreibende Lebewesen ist neu für die Wissenschaft. Es müssen mehr Proben genommen werden und wissenschaftliche Analysen durchgeführt werden, um mehr über das Phänomen zu erfahren."

Mit QUEST auf Spurensuche in der Tiefsee

15. März bis 24. April 2006: Rund zweieinhalb Jahre nach der Entdeckung der Asphaltvulkane geht erneut ein deutsches Forschungsschiff auf eine Entdeckungsreise in den Golf von Mexiko. Mit an Bord der Meteor sind auch dieses Mal die Pioniere der Asphaltvulkanforschung Gerhard Bohrmann vom Forschungszentrum Ozeanränder und Ian MacDonald von der TAMU. Die Forscher wollen vor allem wissen, wovon sich das 2003 neu entdeckte Ökosystem an den Asphaltvulkanen ernährt. Ihr Ziel ist es aber auch, in anderen Regionen des Golfs von Mexiko nach den ungewöhnlichen Tiefseequellen zu suchen.

Um diese und zahlreiche andere Rätsel um die Asphaltvulkane zu lösen, ist die Meteor mit viel besserem Gerät bestückt als 2003 die „Sonne". So können beispielsweise mit dem neuen PARASOUND-System die Aufstiegswege von Öl- und Gasblasen ermittelt und auf Besonderheiten untersucht werden. Und das neue Fächerecholot Simrad EM 120 ermöglicht eine noch präzisere Vermessung des Meeresbodens und speziell der Campeche Knolls. Das unumstrittene Highlight der Ausrüstung ist jedoch der neue unbemannte Tauchroboter QUEST des Forschungszentrums Ozeanränder. Das Multitalent der Tiefsee kann Gesteins- und Wasserproben sammeln, mithilfe von hochwertigen Sensoren Temperatur, Druck und Salzgehalt ermitteln, Messgeräte aussetzen und natürlich Video- und Fotoaufnahmen schießen.

Im Mittelpunkt der Reise steht wieder der Chapopote. Trotz technischer Probleme und teilweise schlechten Wetters geht QUEST mehrmals auf eine Inspektionsreise in die Tiefe. Der Roboter liefert nicht nur qualitativ viel hochwertigere Bilder als vor drei Jahren sein Vorgänger OFOS, sondern nimmt auch zahlreiche neue Bodenproben direkt in der Kernregion des Asphaltvulkans. „Wir haben diese Strukturen bisher nur in schwarz-weiß und in recht schlechter Video-Qualität und nur in der Aufsicht gesehen", sagt Bohrmann nach der Rückkehr nach Bremen. „Mit dem QUEST haben wir jetzt Aufnahmen in Fernsehqualität und von unterschiedlichen Perspektiven gesehen, damit können wir viel besser erkennen, wie sich bestimmte Strukturen entwickelt haben."

So können die Wissenschaftler erstmals „dreidimensional die Asphaltflüsse, ihre Verzweigungen, Übereinanderschichtungen und ihre höchst merkwürdige Besiedlung durch chemosynthetisch-lebende Organismengemeinschaften erfassen", wie Bohrmann im Wochenbericht der Meteor-Fahrt schreibt. Auch über die Konsistenz der Asphalte gewinnen die Forscher mithilfe von QUEST neue Erkenntnisse. Während sich die älteren Schichten als eher spröde und fest präsentieren, sind die offenbar erst vor kurzem ausgeflossen Lagen äußerst zäh und biegsam. Aus ihnen lassen sich selbst mit den präzise steuerbaren Greifarmen des Tiefseeroboters kaum Proben entnehmen.

Bizarr geformte Strukturen in der untermeerischen Asphaltlandschaft am Chapopote-Vulkan gehören im Frühjahr 2006 zu den ungewöhnlichsten Entdeckungen des Forscherteams auf der Meteor. Sie entstehen, wenn ein besonders zähflüssiges Gemisch aus Öl und Asphalt aus dem Meeresboden austritt und dann wie Karamell Fäden zieht. Nachdem die flüchtigen Bestandteile wie Gase oder leichte Öle entwichen sind, kippen die Strukturen um und stapeln sich dann übereinander auf der Oberfläche des Chapopotehügels. „Wir haben noch nicht einmal einen guten Namen für diese Strukturen, so andersartig sind sie", erläutert Bohrmann.

Und auch das Geheimnis um das „Elixier des Lebens" im Asphalt, das dem Ökosystem ohne Licht als Energiespender dient, könnte möglicherweise schon bald gelüftet sein. „Wir haben auch Hinweise darauf, woher das Ökosystem seine Nahrung bezieht", so der Meeresgeologe weiter. Denn in winzigen Zwischenräumen des Asphalts fanden sie zu ihrem Erstaunen Gashydrate. Da diese unter atmosphärischen Bedingungen an Bord langsam zerfallen, konnten die Forscher aus allen Poren eines Asphaltkerns sogar das zarte Blubbern des entweichenden Methangases „live" mithören. Für die beteiligten Forscher eine Sensation. Denn bisher hatten sie gedacht, dass der Asphalt nahezu frei von diesem Grundnahrungsmittel der Tiefsee sei. Sind demnach doch Methan-fressende Bakterien die Grundlage des Nahrungsnetzes an den Asphaltvulkanen? „Für mich ist Chapopote ein Beispiel dafür, wie dynamisch die Tiefsee wirklich ist. Es gibt keinen Ort, wo Leben unmöglich ist. Und wenn Leben auch nur den Hauch einer Chance bekommt, wird es sich anpassen und erblühen.", so Ian MacDonald kurz nach der Entdeckung der Asphaltvulkane im Mai 2004 im Wissenschaftsmagazin *Science*.

Die Schlünde der Meere – eine Reise in die Tiefseegräben

Dieter Lohmann

Zusammenfassung

Stockdunkel, eiskalt und enormer Druck: Die Tiefseegräben der Ozeane gehören zu den spektakulärsten, aber auch seltsamsten Phänomenen der Erde – und zu den am wenigsten erforschten. Denn bisher ist es Wissenschaftlern nur selten gelungen, zu den tiefsten Stellen der Meere vorzudringen und sie einer ausgiebigen Inventur zu unterziehen. Dabei gibt es in den „Narben" der Erdkruste eine Menge zu tun. Geowissenschaftler beispielsweise können hier der Plattentektonik bei der Arbeit zusehen und beobachten, wie in einem unendlich langsamen Prozess der Meeresboden abtaucht und in den Tiefen der Erde verschwindet.

Für Meeresbiologen dagegen sind die Tiefseegräben ein natürliches Labor der Evolution: Welche Organismen haben die bis zu elf Kilometer unter Wasser liegenden Lebensräume für sich erobert? Wie schaffen es Fische, Muscheln, Plankton oder Bakterien mit den extremen Bedingungen dort zurechtzukommen? Und vor allem: Ist in ihnen vielleicht sogar das erste Leben auf der Erde entstanden? Dies sind nur einige von vielen Fragen, die bis heute weitgehend ungelöst sind. Doch das könnte sich schon bald ändern. Denn knapp 50 Jahre nachdem Jacques Piccard und Don Walsh mit der „Trieste" als erste und bisher einzige den Grund des Marianengrabens erreichten, unternimmt die Menschheit einen neuen Anlauf die Tiefseegräben zu erobern.

Sinkflug im Marianengraben –
Jacques Piccard und die Trieste

23. Januar 1960. Der Schweizer Tiefseepionier Jacques Piccard sitzt zusammen mit dem amerikanischen Marineleutnant Don Walsh eingepfercht in der winzigen Stahlkugel des Bathyscaphen Trieste. Zusammen mit seinem Vater Auguste hat er das neuartige Tauchboot im Auftrag der US-Marine entworfen und gebaut. Heute aber steht die Nagelprobe an. Rund 11.000 Meter soll es gleich senkrecht hinab gehen bis zum Grund des Marianengrabens. Beiden Männern ist klar: Es ist ein Tag, um Geschichte zu schreiben oder im Extremfall sogar zu sterben. Denn sagenhafte 1100 Bar Druck werden auf der Trieste am Meeresboden lasten – so viel, als ob Hunderte von Elefanten auf einem einzigen unserer Zehen stünden. Entsprechend gemischt sind die Gefühle von Piccard und Walsh als es um 08:23 Uhr Ortszeit endlich losgeht. Aber auch die Welt hält den Atem an und fiebert mit den Abenteurern. Doch erstaunlicherweise geht alles reibungslos. Viereinhalb Stunden später setzt die Trieste in 10.910 Meter Tiefe auf dem Boden auf – Weltrekord.

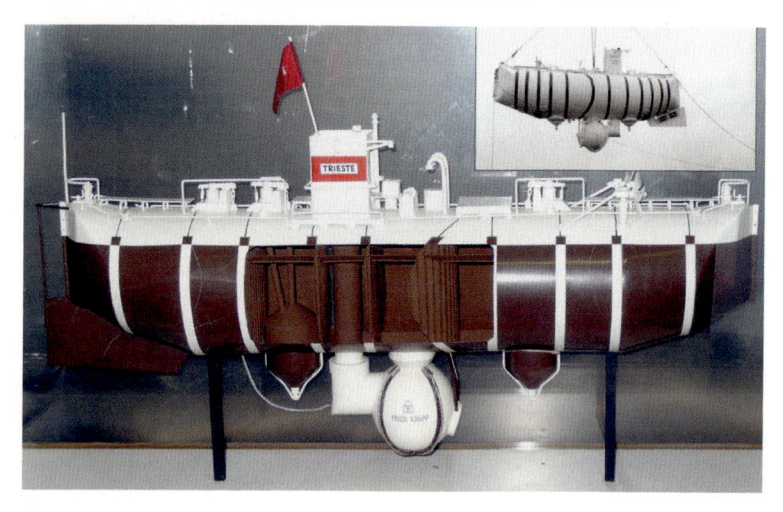

Der Bathyscaph Trieste als Modell und im original (Ausschnitt) (© gemeinfrei/US Naval Historical Center)

Viel Zeit bleibt den Männern nicht, um zu feiern oder im Scheinwerferlicht die bizarre und kalte Welt am Fuß des Tiefseegrabens zu erforschen. Immerhin erblicken sie in dieser lebensfeindlichen Welt aber einen Plattfisch – eine wissenschaftliche Sensation. Allerdings eine nicht dokumentierte, denn Kameras haben die Männer gar nicht erst mit an Bord genommen. Nach zwanzig Minuten ist der ganze Spuk vorbei. Der Ballast wird abgeworfen und der Aufstieg des Bathyscaphen beginnt. Dreieinhalb Stunden später erreicht die Trieste mit ihrer Besatzung heil und unbeschadet die Wasseroberfläche. Der Traum ist wahr geworden. Piccard und Walsh werden zu Helden. Schließlich ist es ihnen gelungen, den konkurrierenden Sowjets ein Schnippchen zu schlagen und als erste Menschen den tiefsten aller Tiefseegräben zu erobern.

Soweit das Szenario aus dem Jahr 1960. Heute, fast 50 Jahre später, ist ein solcher Trip in die Tiefsee dank der modernen Technik längst ein Kinderspiel und völlig gefahrlos – sollte man zumindest meinen. Doch Piccard und Walsh sind bis heute die einzigen Menschen geblieben, die jemals in die undurchdringliche Dunkelheit in knapp elftausend Meter Tiefe vorgedrungen sind. Amerikaner und Russen verloren in der Folge schnell das Interesse an der Tiefsee. Einmal unten gewesen zu sein reichte doch. Was sollte man noch einmal dort? Zudem galt es ein neues, nicht minder prestigeträchtiges Ziel so schnell wie möglich zu erreichen: den Mond. Und auf dem Weg dahin hatte die Sowjetunion am 4. Oktober 1957 mit dem ersten künstlichen Erdsatelliten Sputnik bereits eine erste Duftmarke gesetzt.

Welt ohne Licht – die tiefsten Stellen der Meere

Sie heißen Ryukyu, Yap, Tonga, Bougainville oder Sunda und sie haben eines gemeinsam: An ihrer tiefsten Stelle reichen diese Tiefseegräben über 6000 Meter unter die Wasseroberfläche hinab. Rund 20 davon gibt es im Atlantischen, Pazifischen und Indischen Ozean und im Südpolarmeer. Die sechs gewaltigsten – Marianen-, Tonga-, Japan,- Kurilen-, Philippinen- und Kermadecgraben – haben sogar eine Tiefe von über zehn Kilometern und liegen alle im Pazifik. Die meisten Tiefseegräben sind nur wenige Dutzend Kilometer breit, aber dafür oft mehrere tausend Kilometer lang. Typisch für sie sind zudem steil abfallende Felswände, die oft mit bizarren und schroffen Auswüchsen gespickt sind. Der Boden der Tiefseegräben erinnert dagegen an eine trostlose Einöde und besteht vornehmlich aus einer dicken Schicht aus schlammigen Sedimenten. Nicht unbedingt eine Umgebung zum Wohlfühlen. Denn am Grund der Gräben es ist stockdunkel und auch die Wassertemperaturen liegen meist nur zwischen 1,2 und 3,6 Grad Celsius. Von dem enormen Druck ganz zu schweigen.

Doch wie sind diese gewaltigen Kerben in der Erdkruste entstanden? Und warum befinden sie sich gerade dort, wo sie entdeckt worden sind? Antwort auf diese Fragen liefert ein Blick in die Theorie der Plattentektonik. Danach gliedern sich die Erdkruste und die darunter liegenden obersten Mantelmaterialien in zwölf große und mehrere kleinere Platten. Da diese Platten auf dem oberen, teilweise aufgeschmolzenen Erdmantel schwimmen und beweglich sind, stoßen sie zusammen, tauchen untereinander ab oder gleiten aneinander vorbei. Während an den mittelozeanischen Rücken ständig neue Erdkruste produziert wird, gibt es auch Orte, an denen das Krustenmaterial wieder aufschmilzt und in der Tiefe verschwindet – ein klarer Fall von geologischem Recycling. Dies geschieht in so genannten Subduktionszonen. Dort taucht eine ältere und schwerere ozeanische Platte in einem Winkel von bis zu 90 Grad unter eine leichtere kontinentale oder eine andere ozeanische Platte ab.

An solchen Nahtstellen bilden sich nicht nur Vulkanketten oder hohe Gebirge wie die Anden, sondern auch die Tiefseegräben. Der Marianengraben zum Beispiel ist durch die Kollision der Philippinischen und der Pazifischen Platte entstanden. Dabei ist es eigentlich falsch im Zusammenhang mit solchen Phänomenen von „Gräben" zu sprechen – zumindest aus Sicht der Geowissenschaftler. Sie nennen diese Gebilde lieber Rinnen. Grund: Gräben sind laut Definition durch tektonische Kräfte verursachte Einsenkungen der Erdoberfläche, die durch Dehnung gebildet werden. Die Tiefseerinnen sind aber das Produkt einer gegeneinander gerichteten Drift von Kontinentalplatten.

Tiefseegräben reloaded – Forschungsboom dank besserer Technik

„Fast 300 Tierarten wurden bisher aus Tiefen von mehr als 7000 Metern ans Tagesdicht geholt. (...) In der Regel hat jeder Tiefseegraben seine eigene Fauna oder aber die gleichen Tierarten kommen in benachbarten Tiefseegräben vor. Aber es gibt bemerkenswerte Ausnahmen: Eine bestimmte Wurmart, ein Flohkrebs und eine Seegurke wurden in Tiefseegräben entdeckt, die mehrere tausend Kilometer voneinander entfernt liegen." Dieses Resümee zu einem der extremsten und unwirtlichsten Lebensräume der Erde stammt nicht etwa aus einem aktuellen *Science*- oder *Nature*-Artikel, sondern aus der Zeit vom 4. Dezember 1964.

Noch immer stammt viel von dem, was man heute über das Leben in den Tiefseegräben weiß, von den Pionieren der Tiefseeforschung vor allem der 1950er und 1960er Jahre. Zwar kamen auch danach noch wichtige neue Erkenntnisse hinzu. Viele – vielleicht sogar die meisten – Geheimnisse dieser Welt im Verborgenen sind aber bis heute noch ungelöst. „Der größte Teil des Meeresbodens ist noch unerforscht. Und dies obwohl es sich dabei um eines der aufregendsten Gebiete auf der Erde handelt", sagte beispielsweise Arden Bement, der Direktor der National Science Foundation (NSF) in den USA im Jahr 2004.

Manche Wissenschaftler vermuten sogar, dass die ersten lebenden Zellen nicht etwa in der heißen Umgebung der hydrothermalen Quellen entstanden sein könnten, sondern im Bereich der Subduktionszonen. „Bei den Vorgängen, die dort ablaufen, wird Wasserstoff frei und dieser Wasserstoff ist wie Bonbons für solche Mikroorganismen", erklärt Patricia Fryer von der School of Ocean and Earth Science and Technology an der Universität von Hawaii. „Deshalb ist es gut möglich, dass sich in solchen kühleren Umgebungen, wo die Erdplatten aufeinander treffen, die frühe Geschichte der Erde abgespielt hat." Das sind bisher nur vage Vermutungen. Doch es könnte sein, dass dieses und andere Rätsel um die Gräben schon bald gelöst werden können. Denn nach Jahren des Tiefschlafs hat die Erforschung der Tiefsee in letzter Zeit wieder deutlich Fahrt aufgenommen.

„Man könnte sagen, dass die Tiefsee-Erkundung eine Art Neuauflage der Erforschung des Alls ist", sagte der britische Wissenschaftler Chris

German in einem Interview mit der BBC bereits im Jahr 2004. German arbeitet am Southampton Oceanography Centre (SOC) in England, einem der Institute, die entscheidend zu diesem neuen Boom beigetragen haben. Eine der entscheidenden Voraussetzungen für den Aufschwung ist der technische Fortschritt. „Es gibt eine Grenze, wie lange man jemanden in einer Stahlkugel Tausende von Metern unter der Wasseroberfläche einschließen kann", so German. „Erst in den letzten paar Jahren hat die Robotertechnik ein Niveau erreicht, dass damit fast alles möglich ist, was auch ein Mensch zu leisten vermag".

Piccards Trieste und selbst das legendäre Tauchboot Alvin, in dem Wissenschaftler unter anderem 1977 die ersten Schwarzen Raucher vor den Galapagos-Inseln entdeckten, sind deshalb längst „out". Die Enkel der ersten Tiefseetauchboote heißen Quest, Cherokee oder Sentry. Bei dieser modernen Generation an Unterwasserfahrzeugen handelt es sich um unbemannte, ferngesteuerte Tauchroboter – Remotely Operated Vehicles (ROVs) – oder sogar um völlig autonome Unterwasser-Vehikel (Autonomous Underwater Vehicle), kurz AUVs. Letztere operieren auf ihren Missionen in die Tiefsee fast völlig unabhängig vom Menschen. Ist der Kurs erst einmal einprogrammiert, macht der Roboter den Rest ganz alleine – abtauchen, orientieren, forschen und heimkehren.

Solche unbemannten Missionen haben viele Vorteile: Sie sind sicherer, preiswerter und die Roboter können viel längere Expeditionen durchführen als U-Boote mit Wissenschaftlern an Bord. 36 Stunden Dauereinsatz in der Tiefsee sind heute längst keine Seltenheit mehr. Bestückt sind die ROVs und AUVs mit zahlreichen Kameras, Sonaren und Greifarmen. Sie liefern damit scharfe Bilder aus mehreren tausend Metern Tiefe, die Roboter nehmen aber auch Proben und führen vielfältige Messungen durch. Kein Wunder, dass Quest und Co in den letzten Jahre bereits eine Reihe an sensationellen Entdeckungen vorweisen können: Asphaltvulkane im Golf von Mexiko, wimmelndes Leben an kalten Quellen vor Pakistan, farbenfrohe Kolonien lebender Kaltwasserkorallen im Mittelmeer. Fündig wurden die Tauchboote aber auch in und an den Tiefseegräben – mit verblüffenden Ergebnissen.

Wimmelndes Leben im Challengertief

Gut 300 Meter tief können Menschen tauchen – natürlich nur mit entsprechendem technischen Zubehör und in guter körperlicher Verfassung. 500 Meter schaffen dagegen Kaiserpinguine leicht und locker. Und Pottwale gehen sogar noch 3000 Meter unter der Wasseroberfläche auf die Jagd nach Tintenfischen und anderen Beutetieren. Schon dies klingt sensationell, denn die Welt dort ist dunkel, eiskalt und es herrscht ein Druck von 300 Bar. Nur durch spezielle Anpassungen können die hier lebenden Organismen diesen enormen Belastungen standhalten. Umso unglaublicher ist jedoch, dass es auch noch achttausend Meter weiter unten, am Challengertief im Marianengraben, von Leben nur so zu wimmeln scheint. Eindeutige Indizien dafür haben japanische und britische Meereswissenschaftler im Jahr 2005 in Sedimentproben aus 10.896 Meter Wassertiefe entdeckt. Gesammelt hatte den Schlick der ferngesteuerte japanische Tauchroboter Kaiko einige Jahre zuvor. Bei der anschließenden „Volkszählung" stießen die Forscher um Yuko Todo von der Universität von Shizuoka vor allem auf große Mengen an winzigen einzelligen Kreaturen.

Wie die Untersuchungen ergaben, handelte es sich bei Kaikos Mitbringsel um insgesamt 432 Foraminiferen – auch Kammerlinge genannt –, von denen viele zu Arten gehörten, die den Biologen bisher völlig unbekannt waren. Die Wissenschaftler um Todo wunderten sich aber noch mehr über das ziemlich ungewöhnliche Aussehen der meisten der zierlichen Organismen. Denn sie besaßen nicht wie andere Foraminiferen eine harte und stabile Kalkschale, sondern lediglich weiche, leicht verformbare Außenwände. Ursache dafür ist nach Ansicht der Forscher, dass das Meerwasser in diesen Tiefen viel zu wenig Kalziumcarbonat enthält, um die Ausbildung der häufig kunstvoll geformten Hüllen zu ermöglichen.

Ziemlich klar ist auch der „Speiseplan" der braunen, häufig einkammerigen, röhrenförmigen Lebewesen: Vermutlich filtern sie organische Partikel aus dem Meerwasser, die aus höher gelegenen Schichten in den Marianengraben hinabregnen. Alternativ ernähren sie sich möglicherweise auch von im Meerwasser gelösten Substanzen. Entwickelt haben die Foraminiferen diese Anpassungen an den extremen Lebensraum vermutlich in den letzten sechs bis neun Millionen Jahren. Denn in diesem

Zeitraum sind die tiefsten Rinnen des westlichen Pazifikraums – darunter auch der Marianengraben – nach Schätzungen des internationalen Forscherteams entstanden.

„Die Abstammungslinie, zu der die Foraminiferen mit den weichen Wänden gehören, schließt auch die einzigen Arten ein, die jemals das Süßwasser und das Festland eroberten", so Todo und seine Kollegen von Japans Agency für Marine-Earth Science, der Nagasaki Universität und dem Oceanography Centre im englischen Southampton im Fachmagazin „Science". „DNA-Analysen der neu entdeckten Organismen legen zudem nahe, dass sie eine ursprüngliche Form von Lebewesen aus der Zeit des Präkambriums verkörpern, aus der sich im Laufe der Zeit komplexere, mehrkammerige Organismen entwickelten." Ein Rätsel ist für die Wissenschaftler allerdings noch, warum sie sich gerade diesen unwirtlichen Ort als Lebensraum ausgesucht haben. Klären müssen Todo und Co künftig aber auch, wieso die weichen Kammerlinge im Challengertief so häufig sind und dort sogar alle andere Foraminiferenarten dominieren.

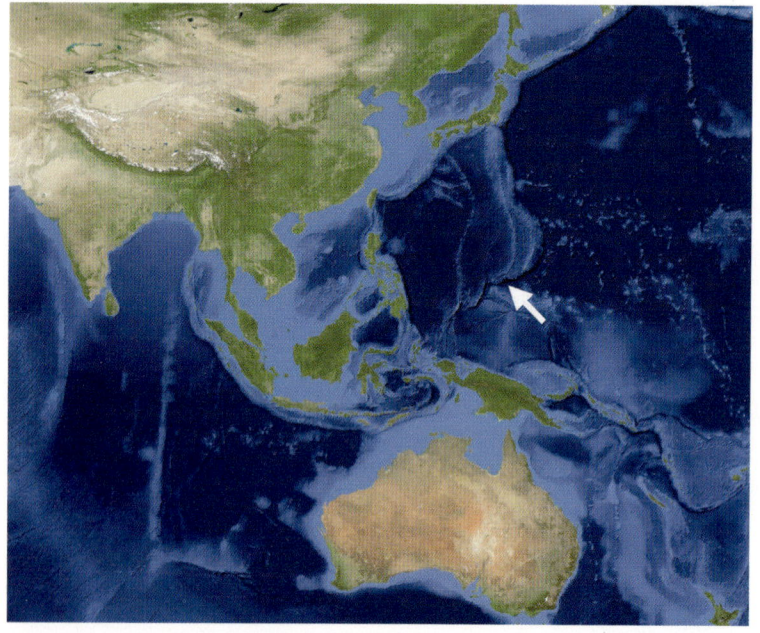

Lage des Challengertiefs im Marianengraben, des tiefsten Punkts der Ozeane (© NASA)

Neuen Aufschluss über das Leben im Hadal, wie die unterhalb von 6000 Metern Tiefe liegenden Regionen der Meere genannt werden, lieferte eine Expedition im Jahr 2013. Ronnie Glud vom Nordic Centre for Earth Evolution im dänischen Odense und seine Kollegen schickten dafür einen modernen Analyseroboter bis auf den Grund des Challengertiefs. Ihr Ziel: Herauszufinden, in welchem Maße die extremen hydrostatischen Drücke die dort lebenden Organismen und ihren Stoffwechsel beeinflussen – und auch, wie viel Nahrung sie bekommen. Denn die Hauptquelle organischer Nährstoffe in der Tiefsee ist das, was aus dem weit entfernten Oberflächenwasser hinabrieselt: Algenreste, vergammelnde Tierkadaver und Klumpen von Kot und abgestorbenen Einzellern. Schätzungen zufolge kommen von diesen Dingen maximal ein bis zwei Prozent auf normalen Tiefseeböden bis in 4000 Meter Tiefe an. Wie viel Nährstoffe für die extremen Tiefen übrigbleiben, blieb bisher offen.

Am Grund des Challengertiefs angekommen, arbeitete der Analyseroboter sich millimeterweise in das Sediment hinein und maß bei jedem Stopp den Sauerstoffgehalt. Aus diesen Werten lässt sich ermitteln, wie hoch die Atmung und damit auch der Mikrobengehalt im Boden ist. Ein zweiter Tauchroboter entnahm mehrere bis zu 50 Zentimeter lange Sedimentbohrkerne und brachte sie in Isolierbehältern an die Oberfläche. An ihnen analysierten die Forscher den Gehalt an organischem Kohlenstoff, wie viele Reste von Algenpigmenten sich darin fanden und wie viele Mikrobenzellen. Alle Proben und Messungen führten sie zusätzlich an einer nur rund 6000 Meter unter der Wasseroberfläche liegenden Vergleichsstelle durch.

Das Ergebnis war überraschend: In der vermeintlich so kargen Tiefe fanden die Forscher rund zehn Mal mehr Mikroben im Sediment als an der höher liegenden Vergleichsstelle. Die Rate der Sauerstoffzehrung – ein Maß für die Aktivität der Organismen – sei sogar doppelt so hoch gewesen, berichten sie im Fachmagazin *Nature Geoscience*. Und auch in punkto Nahrung waren die Bewohner dieses tiefsten marinen Lebensraums erstaunlich gut versorgt. Das Sediment enthielt deutlich mehr organischen Kohlenstoff und Reste von Algenzellen als das höher gelegene Tiefseegebiet. Da beide Stellen im gleichen Meeresgebiet liegen, sei es unwahrscheinlich, dass Unterschiede in der Lebenswelt der Oberfläche dafür verantwortlich sind, meinen die Forscher.

Um den Grund für den unerwarteten Nährstoffreichtum der Challengertiefe herauszufinden, analysierten Glud und seine Kollegen Blei-Isotope im Sediment beider Probenstellen. Deren Gehalt gibt Aufschluss darüber, wie viele Partikel aus höheren Wasserschichten in diese Tiefe absinken, da sie auf ihrem Weg Blei aus dem Wasser aufnehmen und auf dem Boden ablagern. Zwar legen die Partikel auch einen längeren Weg durch das Wasser zurück und enthalten daher von vornherein mehr Blei als bei flacheren Meeresstellen. „Aber selbst wenn wir das herausrechnen, liegen die Werte im Sediment des Challengertiefs noch doppelt so hoch", sagen die Forscher. Das deute darauf hin, dass Tiefseerinnen wie der Marianengraben wie eine Art Sedimentfalle wirken: Strömungen und die Topografie des Meeresbodens sorgen offenbar dafür, dass absinkenden Nährstoffe sich in diesen Rinnen konzentrieren.

Die tiefsten Lebensräume des Ozeans sind demnach nicht nur belebter als gedacht, ihre Bewohner sind auch weitaus aktiver als man es ihnen zugetraut hätte. „Selbst unter diesen extremen hydrostatischen Bedingungen schaffen es diese mikrobiellen Gemeinschaften offensichtlich, effizient Stoffwechsel zu betreiben", konstatieren Glud und seine Kollegen. Sie vermuten, dass dies nicht nur für das Challengertief gilt, sondern grundsätzlich für die Sedimente in solchen extremen Tiefseerinnen.

„Petit Spots" – rätselhafte Mini-Vulkane

Schauplatz Japan, genauer gesagt der über 10.000 Meter tiefe Graben vor der Ostküste des Landes. Er erstreckt sich über mehr als 1600 Kilometer zwischen den zu Russland gehörenden Kurilen-Inseln im Norden und den Bonin-Inseln im Süden. Der Japangraben ist Teil des geologisch sehr aktiven Pazifischen Feuerrings, der fast die gesamte Pazifische Platte umspannt. Vulkanausbrüche, aber auch Erdbeben sind dort fast überall an der Tagesordnung und sorgen immer wieder für verheerende Katastrophen. In den letzten Jahrzehnten hat sich der Japangraben zu einem Tummelplatz für Geologen entwickelt. Sie wollen dort mehr über die Entstehung der Naturereignisse erfahren und vor allem abschätzen, welche Gefahren sich dadurch für Japan ergeben. Ihr Ziel ist es aber auch, mithilfe der gewonnenen Erkenntnisse Strategien zum Schutz des Landes zu entwickeln.

Einem US-amerikanischen und japanischen Wissenschaftlerteam ist im Rahmen dieser Spurensuche am Meeresboden vor kurzem eine sensationelle Entdeckung geglückt. Denn mithilfe eines Sonars spürten sie 2006 in rund 5000 Meter Wassertiefe eine ganze Reihe kleiner Vulkane auf, die sie „Petit Spots" nannten. Ungewöhnlich war nicht nur die Lage der gerade mal 50 Meter hohen Gebilde – auf einer Wölbung der abtauchenden Platte – sondern auch ihr Alter. „Der Meeresboden, den die Vulkane durchschlagen, ist mit mehr als 130 Millionen Jahren uralt. Die Vulkane sind jedoch sehr viel jünger, wie die Datierung von Proben ergab, die wir mit ferngesteuerten U-Booten genommen haben", sagt Naoto Hirano vom Tokyo Institute of Earth Sciences. „Der älteste ist fünf Millionen Jahre alt, der jüngste eine Million Jahre."

Wie konnte das sein? Denn mit Vulkanismus rechnen Geowissenschaftler in Subduktionszonen zwar auf der oben schwimmenden, nicht aber auf der abtauchenden Platte. Und auch einen Hotspot als Ursache des Vulkanismus konnten die Forscher ausschließen. Dabei handelt es sich um rund hundert Kilometer tief im Erdmantel versteckte heiße Flecken, die sich inmitten tektonischer Platten befinden. Wie gigantische Schweißbrenner erzeugen sie unaufhörlich Magma, das sich durch Risse in der Erdkruste seinen Weg nach oben bahnt. Der Nachschub an heißem Gestein für die Hot Spots stammt aus einer Grenzschicht zwischen unterem Erdmantel und Erdkern, in rund 2900 Kilometer Tiefe. Dort liegt eine gewaltige Blase festen Gesteins, die bis zu 300 °C heißer ist als das umliegende Mantelmaterial. Die Blase wird – warum, weiß noch niemand so genau – instabil und wächst wie ein gigantischer „Magmenpilz" in Richtung Erdkruste und bildet so den Hot Spot. Analysen der Petit Spot-Vulkane ergaben aber nun, dass der Basalt der Lava nicht tief aus dem Erdinneren stammte, sondern einen viel höheren Ursprung besitzt. Offenbar hatten die Forscher um Hirano einen völlig neuen Typ von Vulkanen entdeckt. Doch woher stammte das heiße Magma genau?

Eigenartige Lage, ungewöhnliche Größe, ungewisse Herkunft: Eine Erklärung für das Phänomen der Petit Spots zu finden, fiel den Wissenschaftlern um Naoto Hirano vom Tokyo Institute of Earth Sciences und Stephanie Ingle von der Universität von Hawaii in Manoa nicht ganz leicht. Schließlich kamen sie aber doch auf eine einleuchtende Erklärung dafür. Danach werden die Petit Spots aus einer Grenzschicht zwischen der Erdkruste und dem Erdmantel, der sogenannten Asthenosphäre, gespeist. In dieser Zone, die bis 410 Kilometer tief in die Erde reicht, muss das Gestein dann allerdings zumindest teilweise geschmolzen sein, postulierten die Wissenschaftler schon 2006 im Wissenschaftsmagazin *Science*. Dies war bisher nicht unumstritten.

Hirano und Ingle legten aber nun Indizien vor, die diese Hypothese bestätigen. Denn bei Gesteinsanalysen stellten sie fest, dass das eingesammelte vulkanische Material mit winzigen Löchern übersät war. Diese Bläschen oder Vesikel entstehen aber nur dann, wenn Gas aus ausgeworfener Lava entweicht. „Eine Existenz von Gas legt aber nahe oder erfordert sogar, dass die Asthenosphäre in einem teilweise geschmolzenen Zustand vorliegt", erklärt Ingle. Wenn sich nun die abtauchende alte ozeanische Erdkruste verbiegt, bilden sich darin Risse und Spalten, durch die heißes Gestein aus der Asthenosphäre aufsteigt und dann am Meeresboden ausgeworfen wird – die Petit Spots sind geboren. Die Wissenschaftler vermuten, dass es die Eruptionsphase nicht lange andauert. Daher bleiben die Vulkane auch vergleichsweise klein.

Stimmt dieses Szenario, sollten eigentlich immer wieder Vulkane sprießen, wenn die abtauchende Erdplatte weiterwandert und die Region mit den nötigen Stressbedingungen – Aufwölben, Verbiegen – erreicht. Dazu Ingle: „Und das ist genau das, was wir beobachtet haben: eine Kette von älteren Vulkanen nahe der Subduktionszone und immer jünger werdende Petit Spots weiter entfernt davon." Diese Ergebnisse werfen nicht nur ein neues Licht auf die Entstehung von Vulkanismus, sie stellen auch bisherige Erklärungsmodelle für dieses Phänomen – speziell die Hotspot-Hypothese – zumindest ansatzweise in Frage. Vielleicht sind ja einige der diesem Phänomen zugeordneten Vulkane doch nach dem Prinzip der Petit Spots entstanden, so die Vermutung der Forscher.

„Es ist nicht so, dass ich denke, dass diese Studie beweist, dass es keine Plumes gibt", bewertet Marcia Mc Nutt, die Präsidentin des Monterey Bay Aquarium Research Institute, die Ergebnisse von Hirano und Ingle. Aber es gäbe vulkanische Phänomene auf der Erde fernab der Plattengrenzen, die die Mantelplume-Theorie eben doch nicht perfekt erklären könne. „Nun werden wir damit beginnen müssen, alle diese Vulkanketten, die man unter das Plume-Modell subsumiert hat, noch einmal genauer zu untersuchen", so Mc Nutt.

Tintenfische – intelligente Anpassungskünstler unter Wasser

6

Dieter Lohmann

Zusammenfassung

Sie geistern als Seeungeheuer durch Mythen und Legenden, ihre überdimensionalen Nervenfasern machen sie zum Spielkind der Neurobiologen und ihr Talent zum Verkleiden ist sprichwörtlich – Tintenfische gehören zu den erstaunlichsten und vielseitigsten Lebewesen auf unserem Planeten.

Damit aber noch längst nicht genug: Die „Weisen der Meere" sind auch außerordentlich intelligent und lernfähig. Sie können verschlossene Gläser öffnen, um an Krabben oder andere Beutetiere zu gelangen und finden sich sogar in Labyrinthen zurecht.

Wissenschaftler und Dichter beschäftigen sich schon seit Jahrhunderten mit den vielseitigen Geschöpfen, die in allen Ozeanen der Welt – auch in Nord- und Ostsee oder den antarktischen Gewässern – zu finden sind. So berichtete schon Homer Jahrhunderte vor Christi Geburt in seinem Heldenepos „Odyssee" über ein krakenähnliches Wesen mit dem Namen Skylla, das mit seinen zahlreichen Armen angeblich Seefahrer von vorbeifahrenden Schiffen raubt. Auch als plündernde „Polypen" tauchen Tintenfische in der Dichtung auf oder ganz einfach als Seeungeheuer und Fabelwesen, die mit ihren saugnapfbesetzten Fangarmen ganze Schiffe in den Schwitzkasten nehmen und samt Besatzung mit sich in die Tiefe ziehen. Sogar in Romanklassikern wie Jules Vernes „20.000 Meilen unter dem Meer" oder in Hermann Melvilles „Moby Dick" fehlen sie nicht und sorgen beim Leser für wohliges Gruseln oder Schauer der Spannung.

Schon den alten Römern waren Tintenfische bekannt, das zeigt dieses antike Mosaik eines zehnarmigen Tintenfisches (© Wolfgang Sauber/CC-by-sa 3.0)

Auch wenn viele dieser Mythen oder Legenden um die Tintenfische von den Meeresbiologen mittlerweile als Seemannsgarn oder maßlose Übertreibungen entlarvt worden sind, bleiben bei den Tintenfische noch viele Fragen offen: Wie intelligent sind Tintenfische wirklich? Warum können sich Tintenfische am Meeresboden oder im Riff nahezu unsichtbar machen? Weshalb benehmen sie sich so, wie sie es tun? Darauf gibt es noch immer keine endgültigen Antworten. Erst neue technische Hilfsmittel wie Tauchroboter und Spezialkameras könnten in nächster Zeit dafür sorgen, dass die Rätsel um Octopus, Kalmar und Co nach und nach gelüftet werden.

Älter als die Dinosaurier …

Etwa 750 bis 1000 verschiedene Tintenfischarten tummeln sich in den Meeren – und jedes Jahr werden es mehr. Während es weltweit zu einem immer schnelleren Artensterben kommt, ist der Trend bei den Tintenfischen zurzeit noch eher gegenläufig. Doch nicht etwa, weil diese Meeresbewohner resistenter gegen Umweltverschmutzung oder ähnliches sind als andere: Moderne Tauchboote und die Tiefseefischerei fördern einfach immer neue Spezies ans Tageslicht, die sich bisher erfolgreich den Blicken der Wissenschaftler und Taucher entzogen haben. Auch an unseren Küsten gibt es insgesamt 13 verschiedene Arten dieser Weichtiere, darunter der Gemeine Tintenfisch, *Sepia officinalis*, oder der kleine Nordseekalmar. Am 9. Dezember 2003 haben Wissenschaftler um die Biologin Martina Beil vom Institut für Ostseefischerei der Bundesforschungsanstalt für Fischerei sogar in der Ostsee in Höhe der Mecklenburger Bucht Tintenfische gesichtet: so weit östlich wie seit langem nicht mehr.

Zeit, um all diese extravaganten Tiere zu entwickeln, hatte die Natur mehr als genug. Denn Tintenfische gehören zu den ältesten bekannten Tiergruppen auf der Erde. Seit Ende des Kambriums vor weit mehr als 500 Millionen Jahren besiedeln sie bereits die Ozeane der Welt und haben die Weiten der Tiefsee, aber auch flache Küstengewässer oder Gezeitentümpel für sich als Lebensraum erobert. Zu den heute lebenden Tintenfischen gehören die unterschiedlichsten Arten und Gestalten: Manche, wie Octopusse oder Kraken, haben acht Fangarme, andere zehn – Sepien und Kalmare – wieder andere, wie Nautilus oder Perlboot, sogar 90. Ihr Körper gliedert sich in Kopf, Fuß und den Eingeweidesack, der von einem schützenden Mantel umgeben ist.

Da die mit Saugnäpfen übersäten Fangarme quasi direkt am Kopf ansetzen, werden die Tintenfische auch als Kopffüßer bezeichnet. Allen gemeinsam ist, dass sie kein Skelett besitzen und deshalb zu den Weichtieren gezählt werden. Anders als ihre engsten Verwandten, die Schnecken und Muscheln, verfügen die meisten Tintenfische aber über keine äußere Schale mehr. Nur die Nautilus-Arten schützen sich noch durch ein sich ständig vergrößerndes, verzweigtes Kammergehäuse vor Feinden. Die Tiere bewohnen dabei immer nur die letzte Höhle und können über ein ausgefeiltes System die anderen Kammern je nach Bedarf mit Gas oder Wasser füllen und so wie ein U-Boot für Auftrieb oder Abtrieb sorgen. Nautilus gehört zu den ursprünglichsten noch lebenden Tintenfischen. Wissenschaftler schätzen, dass sie bereits vor rund 40 Millionen Jahren in den Weltmeeren auftauchten und seitdem ihr Aussehen kaum verändert haben. Sie werden deshalb auch als lebende Fossilien bezeichnet.

Wer schon einmal an der Nordsee oder am Mittelmeer am Strand spazieren gegangen ist, hat vermutlich bereits – ohne es zu wissen – die Schalenreste von Tintenfischen entdeckt. Dieser ovale Schulp, der bei der Tiergruppe der Sepien als innere Schale zur Standardausrüstung des Körpers gehört, wird von Vogelliebhabern oft als Wetzstein oder Kalkspender in Käfigen eingesetzt. Die Sepien nutzen ihn zur Stabilisierung des Körpers, aber auch als Auftriebsmittel, da der Schulp von ultrafeinen Luftkammern durchzogen ist. Völlig ohne Schale kommen dagegen Kraken aus. Und dies hat durchaus seine Vorteile im alltäglichen Leben der Tiere. So reicht ihnen auf der Flucht vor Feinden ein Zwei-Euro-großes Schlupfloch, durch das sie ihren perfekt formbaren Körper hindurchzwängen um zu entkommen. Jungtiere nehmen auch schon mal mit einer leeren Coladose oder einer Flasche am Meeresboden Vorlieb.

Drei Herzen, blaues Blut und noch mehr

Den Slogan „Die Kraft der zwei Herzen", mit dem ein Pharma-Unternehmen seit Jahrzehnten für ein Energie-Tonikum wirbt, scheinen sich auch die Tintenfische zu eigen gemacht zu haben – nur bereits vor Jahrmillionen. Bei ihnen sind es jedoch nicht nur zwei sondern sogar drei Pumpstationen, die den Körper des Tieres mit Blut versorgen. Die Hauptrolle spielt dabei das Zentralherz, das den beinahe geschlossenen Blutkreislauf antreibt. Ihm assistieren zwei so genannte Kiemenherzen. Doch was da durch die Adern der Tiere pulsiert, hat rein äußerlich nur wenig mit dem menschlichen Blut gemein. Denn es ist bei den Kopffüßern nicht rot, sondern bläulich-grün. Grund für dieses außergewöhnliche Phänomen, das unter anderem auch Hummer zeigen, ist Kupfer. Dieses Element übernimmt bei den Tintenfischen die Rolle des Eisens beim Sauerstofftransport im Blut. Und wenn es sich mit O_2 verbindet, färbt es sich bläulich.

Nicht nur beim Blut haben sich die Tintenfische etwas Besonderes einfallen lassen, auch das Schmecken und Fressen erledigen sie auf besondere Art und Weise. Gerät beispielsweise ein Krebs zwischen die Fangarme, liefern spezielle Sinneszellen rund um die Saugnäpfe blitzschnell Informationen über Geruch und Geschmack des Beutetieres an das hoch entwickelte Gehirn. Tintenfische schmecken quasi mit den Fingern. Gibt das Gehirn sein Okay, zerren die Fangarme das Opfer zum Mund, wo die harten, papageienschnabelartig geformten Kiefer die Panzer des Opfers knacken. Den Rest der Mahlzeit besorgen dann die Raspelzunge, die Weichteile der Beute in mundgerechte Häppchen zerlegt, und der Gift und Verdauungsenzyme enthaltende Speichel der Tiere.

Melanin ist der Hauptbestandteil der Tintenflüssigkeit, die fast alle Kopffüßer bei Gefahr immer wieder in großen Wolken ausstoßen. Sie wollen damit den Gegner verwirren und im Schutze des Nebels unbemerkt entfliehen. Manche Arten reichern die Tintenflüssigkeit noch mit einem körpereigenen Betäubungsmittel an, das das Riechvermögen der Feinde für einige Zeit außer Gefecht setzt. Beim Menschen ist die Tinte äußerst begehrt und wird beispielsweise eingesetzt um Nudeln zu schwärzen.

Von Kalmaren, Riesenaxonen und dem Nobelpreisträgern

Tintenfische sind nicht nur trickreich, sondern auch erstaunlich schnell. Mit Spitzengeschwindigkeiten von bis zu drei Meter pro Sekunde, so haben Wissenschaftler ermittelt, schießen sie bei Gefahr oder während der Jagd durchs Wasser. Selbst ein Olympiaschwimmer hätte vermutlich Schwierigkeiten, ihnen dabei zu folgen. Solche pfeilschnellen Ausnahmeathleten sind aber eher die Ausnahme und gehören ausnahmslos zu den Kalmaren. Doch wie funktioniert dieser Turboantrieb der Tiere? Wie Tintenfischkundler herausgefunden haben, saugen die Kalmare zunächst eine größere Menge an Wasser in die Mantelhöhle ein. Dann verschließen sie diese und pumpen anschließend mit Muskelkraft das Meerwasser durch einen kleinen Trichter, den Sipho, wieder nach draußen. Der Trichter arbeitet dabei zugleich als Ruder und Gaspedal der Bewegung. Je nach Sipho-Stellung und -größe können die Kalmare Tempo und Schwimmrichtung nach Wunsch variieren. Zwar benutzen auch fast alle anderen Tintenfische dieses Rückstoßprinzip – vor allem bei Gefahr – doch längst nicht so effektiv. Und sie haben auch andere Möglichkeiten der Fortbewegung entwickelt: der Gemeine Tintenfisch beispielsweise verwendet den Flossensaum seines Mantels zum Schwimmen. Kraken dagegen laufen normalerweise einem Tausendfüßler ähnlich auf ihren Armen über den Meeresboden.

Nicht nur Tintenfischkundler interessieren sich für Kalmare, auch die Neurobiologen haben schon vor langer Zeit diese Tiergruppe für sich entdeckt. Dies liegt daran, dass Kalmare Nervenfasern besitzen, die bis zu einem Millimeter groß sind. Das erscheint auf den ersten Blick nicht viel. Die Begeisterung für die Kalmare wird jedoch dann verständlich, wenn man erfährt, dass die Nervenfasern eines Menschen maximal ein Hunderstel dieser Größe erreichen. So ist es wenig erstaunlich, dass man die Riesenaxone der Kalmare zunächst für Blutbahnen hielt. Erst der britische Forscher J.Z. Young erkannte im Jahr 1936 ihre wahre Natur. Er hatte damit das optimale Forschungsobjekt für die Neurobiologie entdeckt und den Grundstein für die Aufdeckung der Prinzipien bei der Übertragung von Nervenimpulsen zum Gehirn gelegt. Die Neurobiologen Alan Lloyd Hodgkin und Andrew Huxley konnten schließlich in den folgenden Jahren die genauen Vorgänge in und an den Nervenzellen aufdecken. Ihre Forschungsarbeit wurde 1963 mit dem Nobelpreis belohnt. Seitdem gehört das komplizierte Zusammenspiel von Ionenflüssen, Aktions- und Ruhepotenzialen und dem Alles-oder Nichts-Prinzip der Erregungsleitung, das bei allen Tieren und auch dem Menschen nach dem gleichen Mechanismus abläuft, zum Standardrepertoire in jedem Biologie- oder Medizinstudium.

Die Tintenfische besitzen jedoch nicht nur Riesenaxone, sondern auch ein hochentwickeltes Gehirn und sind deshalb viel intelligenter als beispielsweise Reptilien. Sie werden deshalb auch von vielen Wissenschaftlern auch als die „Weisen der Meere" unter den wirbellosen Tieren bezeichnet. Kein Wunder, dass sie perfekte Schauspieler und Verwandlungskünstler sind, aber auch schnell lernen und Probleme, die ihnen Verhaltensforscher aufgeben, mit Bravour lösen ...

Meister im Tarnen und Täuschen

Gäbe es im Tierreich einen Oskar für die beste Haupt- oder Nebenrolle in der Sparte „Tarnen und Täuschen", der Octopus *Thaumoctopus mimicus* wäre der heißeste Kandidat für eine Auszeichnung. Und das will etwas heißen, denn die achtarmigen Kraken, aber auch zehnarmige Tintenfische wie Sepien oder Kalmare, sind darin fast alle Meister ihres Fachs. Mithilfe von speziellen Farbzellen in der Haut, den sogenannten Chromatophoren, wechseln sie bis zu 1000 Mal am Tag ihr Aussehen. Die Zellen sind mit unterschiedlichen Farbpigmenten gefüllt und werden jeweils von mehreren Muskeln gesteuert. Je nach gewünschtem Farbton werden sie so einfach ein- oder ausgeschaltet. Spiegelzellen unter der Haut, die das Licht zerlegen und reflektieren, perfektionieren die farbenprächtigen Ablenkungsmanöver der Tintenfische.

Ziel dieser Maskerade ist es nicht nur – so haben Wissenschaftler mittlerweile entdeckt –, sich zu tarnen und so potenzielle Beutetiere oder Feinde zu überlisten. Sie sind damit auch in der Lage mit Artgenossen zu kommunizieren und Emotionen zu zeigen. So präsentiert sich beispielsweise der paarungsbereite Gemeine Tintenfisch dem angehimmelten Weibchen in einer Zebrafärbung. Der Blauringkrake dagegen zeigt seine blauen Ringe auf der Haut nur dann, wenn er sich bedroht fühlt.

So erstaunlich diese Fähigkeit auch ist, ein anderer Umstand macht diesen „Maskenball unter Wasser" möglicherweise sogar zu einer Sensation: Die Tintenfische besitzen zwar leistungsfähige Linsenaugen, die den Wirbeltieraugen sehr stark ähneln, doch sie sind wahrscheinlich farbenblind. „Die benötigten Informationen zur farblichen und auch texturellen Einpassung in ihre Umgebung laufen nicht nur über die Augen, sondern zumindest beim Gemeinen Kraken (*Octopus vulgaris*) auch über Tastsinneszellen an den Armen ein", erklärt der deutsche Tintenfischkundler Volker Miske. So kann beispielsweise ein erblindeter Krake je nach Körnung des Untergrundes eine Tüpfelung (bei Sand) bis grobe Fleckung (bei Kies) auf seiner Haut erzeugen. „Es gibt Hinweise, die auf Farbenblindheit von Kopffüßern schließen lassen; endgültig bewiesen ist dies jedoch nicht. Wenn Farbenblindheit vorläge, die im ersten Moment wegen der teils prächtigen innerartlichen Kommunikation vor allem über Hautmuster und der Fähigkeit zur farblichen Tarnung widersinnig erscheint, so wird diese offenbar durch die genaue Auswertung der Grauwerte der Farben kompensiert", so der Forscher.

Doch das Farbspiel ist nicht die einzige Fähigkeit zur Verwandlung, die die Tintenfische beherrschen. Auch ihre Körperform passen vor allem Kraken immer wieder ihrer Umgebung an, um nicht aufzufallen.

Sie schlängeln sich so zudem selbst durch kleinste Spalte hindurch oder suchen Schutz in Höhlen, die maximal einen Durchmesser von wenigen Zentimetern haben. Oft schauen dann nur noch die großen Augen aus dem Versteck heraus. Diese enorme Beweglichkeit ist unter anderem darauf zurückzuführen, dass die Kraken keine die Elastizität störende Innenschale in ihrem Körper tragen.

Mimic Octopus: ein Wunderknabe in der Klemme

Der Mimic Octopus (*Thaumoctopus mimicus*) jedoch, der 2001 erstmalig von australischen Wissenschaftlern vor den Küsten Südostasiens beobachtet wurde, ist beim Tarnen und Täuschen unschlagbar. Die Forscher um Mark Norman waren durch Augenzeugenberichte von Hobby- und Berufstauchern auf die mögliche Existenz einer neuen Tintenfischart aufmerksam geworden. Der Mimic Octopus bevorzugt die offenen Sandböden und ist damit seinen Feinden eigentlich schutzlos ausgeliefert. Dass er trotzdem überleben kann, liegt an seinem enormen Trickreichtum. Was die Wissenschaftler an den Küsten Malaysias und Indonesiens vor die Linse ihrer Kameras bekamen, ließ sie immer wieder ungläubig den Kopf schütteln: Innerhalb kürzester Zeit verwandelte sich der Mimic Octopus in die unterschiedlichsten Tiere. Ob Flunder, Seeschlange oder Feuerfisch – seinem Einfallsreichtum und seinem schauspielerischen Talent schienen keinerlei Grenzen gesetzt.

Er passt Färbung und Muster meisterhaft dem Untergrund an: der Mimic Octopus (*Thaumoctopus mimicus*) (© Steve Childs/CC-by-sa 3.0)

Doch auch wenn der Wunderknabe unter den Tintenfischen bis jetzt kaum erforscht ist, steckt er schon in argen Schwierigkeiten. Seitdem die sensationellen Bilder über sein Verhalten über Film und Fernsehen in alle Welt gingen, wird eine regelrechte Hetzjagd auf den seltenen Kraken veranstaltet. Vor allem Hobbyaquarianer aber auch Aquazoos oder Wissenschaftler bieten nahezu jeden Preis, um ein Exemplar des Mimic Octopus in ihren Besitz zu bringen. „Wenn es eines gibt, das wir über den Mimic Octopus wissen, dann, dass er sehr selten ist. Seit seiner Entdeckung, sind nur wenige Exemplare gefangen oder in freier Natur beobachtet worden. Selbst in Gebieten wie der Lembeh Strait oder vor der Küste Balis in Indonesien sind sie nur sporadisch zu finden," sagt James B. Wood vom National Resource Center for Cephalopods im texanischen Galveston.

„Gerade mal ein paar Dutzend sind es bisher insgesamt, nicht Hunderte oder Tausende. Doch obwohl der Ozean riesig ist, gibt es nur wenige geeignete Lebensräume für den Mimic Octopus. Leider sind diese leicht zu erreichen und die Anzahl der Menschen und Sammler, die nach ihnen tauchen steigt rasant an." Wood befürchtet deshalb, dass der Mimic Octopus schon in wenigen Jahren ausgestorben sein wird, wenn es nicht gelingt das Sammeln und den Handel mit den erstaunlichen Kraken zu unterbinden.

Dabei hat der Mimic Octopus in Gefangenschaft gar nicht so viel zu bieten, wie man auf den ersten Blick meinen könnte. Christopher D. Shaw, einer der wenigen, denen es bisher gelungen ist, einen solchen Kraken im Aquarium am Leben zu halten, tritt jedenfalls gewaltig auf die Euphoriebremse. „Der Mimic Octopus braucht exzellente Wasserqualität und eine Sandschicht von mindestens 20 Zentimetern Dicke, um sich wohl zu fühlen. Dort lebt er dann tagelang unter dem Sand ohne sich blicken zu lassen. Und selbst wenn er mitten in der Nacht oder am frühen Morgen mal aus seinem Versteck kommt, zeigt er keine der beschriebenen einmaligen Mimikry-Eigenschaften." Er kommt zu dem Schluss: „Wer einen coolen Spaßkraken in seinem Aquarium haben will, der einen von den Socken haut, sollte tunlichst die Finger vom Mimic Octopus lassen, sondern sich lieber einen *Octopus bimaculoides* zulegen. Der macht zehn Mal so viel Wirbel wie der Mimic Octopus und man bezahlt maximal ein Drittel des Preises."

Octopussy und andere Kraken

Octopussy heißt nicht nur die schöne Zirkusdirektorin und Gespielin von James Bond in dem gleichnamigen Film mit Roger Moore und Maud Adams aus dem Jahr 1983, ein Octopus oder Krake spielt auch eine tierische Hauptrolle in dem Actionthriller. In dem Film, bei dem es um einen gigantischen Schmugglerring und einen drohenden Atombombenanschlag auf eine US-Militärbasis in West-Deutschland geht, wird ein Krake aus seinem Aquarium freigesetzt und erweist sich dabei als todbringendes Ungetüm für einen der Bösewichte im Film. Auch wenn die meisten der bis zu 200 verschiedenen Octopus-Arten von solchen Killerfähigkeiten nur träumen können, gibt es doch einige Tintenfische, die dem Menschen tatsächlich gefährlich werden können.

Gerade mal zehn Zentimeter bis 15 Zentimeter lang sind die Blaugeringelten Kraken (*Hapalochlaena*), die vor der Küste Australiens, der Philippinen oder Indonesiens leben. Doch ihre geringe Größe täuscht über die Gefahr hinweg, die in ihnen schlummert. Schon manch unvorsichtige Taucher oder Strandwanderer, der in Gezeitentümpeln gestöbert hat, ist ihnen bereits zum Opfer gefallen. Die im Normalzustand eher unscheinbar gelblich gefärbten Tiere bekommen leuchtend blaue Ringe auf der Haut, wenn sie gereizt werden und können dann auch kräftig zubeißen. Selbst ein Neoprenanzug kann dieser Attacke nicht standhalten. Das im Speichel enthaltene Tetrodotoxin gelangt dann in die Wunde – ein Nervengift, für das auch der Kugelfisch berüchtigt ist. Mit fatalen Folgen für das Opfer. Das Toxin kann im Extremfall zur totalen Atemlähmung bis hin zum Tod führen. Das gefährliche Gift ist jedoch keine Eigenproduktion, sondern wird von winzigen Bakterien bereitgestellt, die mit den Blaugeringelten Kraken in Symbiose leben. Zwar besitzen auch die anderen Tintenfische Gifte in ihrem Speichel, doch diese sind viel harmloser. Sie lähmen die Beutetiere, richten aber beim Menschen keinen größeren Schaden an.

Gar nicht amüsiert war dieser Octopus der Gattung *Benthoctopus*, als Forscher mit einem Greifarm ihres Tauchboots in sein Revier eindrangen (© NOAA-OER/Bruce Strickrott)

Kraken sind nicht nur manchmal mit Vorsicht zu genießen, sie gehören auch zu den lernfähigsten wirbellosen Tieren. Manche Wissenschaftler stellen sie in Bezug auf ihr Problemlöseverhalten sogar mit Ratten auf eine Stufe. John Forsythe und seine Kollegen am National Resource Center for Cephalopods (NRCC) arbeiten beispielsweise seit Jahren mit Tintenfischen. In ihren Verhaltensexperimenten haben sie festgestellt, dass sich Kraken problemlos in einem Labyrinth zurechtfinden und sogar fest verschlossene Dosen und Behälter öffnen können. Andere Forscher beobachteten, wie sich Octopusse als Baumeister und Architekten betätigen: Finden sie in im Meer keinen geeigneten Unterschlupf, schleppen sie frei nach dem Motto „my home is my castle" eigenhändig Kiesel oder kleinere Felsbrocken herbei und verwandeln so eine einfache Höhle in eine unüberwindliche Burg.

Doch das ist noch nicht alles: Angeblich sollen Wissenschaftler in einem Labor sogar zu Zeugen einer noch spektakuläreren Aktion eines Kraken geworden sein. Auf der Suche nach Nahrung verließ der Octopus sein eigenes Aquarium, wanderte über den Fußboden bis zum Nachbarbehälter und tat sich an den darin befindlichen Krabben gütlich. Ob es sich dabei allerdings um Wissenschaftler-Latein oder eine wahre Begebenheit handelt, ist nicht sicher. So mancher Forscher oder Aquariumsbesitzer kann jedoch bestätigen, dass Kraken gelegentlich aus ihren Bassins ausbrechen und zumindest zeitweilig wie von Zauberhand von der Bildfläche verschwinden.

Vampirtintenfisch: Der Dracula der Meere

„Ein kleiner aber ziemlich schrecklicher Octopus, so schwarz wie die Nacht mit elfenbeinfarbenem Maul und blutroten Augen": So beschreibt der Tiefseeveteran William Beebe 1925 seine erste Begegnung mit *Vampyroteuthis infernalis* auf seiner Arcturus Expedition zwischen Panama und den Galapagos-Inseln. Doch Beebe war beileibe nicht der einzige, dem der „Vampirtintenfisch aus der Hölle" Unbehagen bereitet hat. Denn trotz seiner geringen Größe von knapp 20 Zentimetern wirkt der Tintenfisch durchaus unheimlich und angsteinflößend – zumindest wenn man ihm in 600 bis 1000 Meter Tiefe in der pechschwarzen Dunkelheit begegnet. Dies liegt zum einen an den im Vergleich zu seinem Körper riesigen

Augen, die in der Tat häufig rötlich oder bläulich glühen. Aber auch die Häute zwischen seinen Fangarmen, die zusammen wie eine Art Umhang wirken, wecken Erinnerungen an Dracula und Co.

Das außergewöhnlichste an *Vampyroteuthis* sind jedoch die zahlreichen Leuchtorgane, die fast den ganzen Körper übersäen und die der Tintenfisch scheinbar ganz nach Belieben an- und abschalten kann. In diesen sogenannten Photophoren wird auf biochemischen Wege Licht erzeugt. Am Ansatz der paarigen Flossen befinden sich zwei ganz besondere Exemplare dieser Unterwasserlampen, die *Vampyroteuthis* mit einer Art Augenlid je nach Bedarf verschließen oder öffnen kann.

Wozu aber benötigt er diese Leuchtorgane? Wissenschaftler im Monterey Bay Aquarium Research Institute sind der Lösung des Rätsels mittlerweile ein Stück näher gekommen. Mit Hilfe von ferngesteuerten Unterwasserfahrzeugen haben sie eine erstaunliche Abwehrstrategie des Vampirtintenfischs entdeckt. Nähert sich ein potenzieller Feind, fangen die Leuchtorgane an der Spitze jedes Armes an zu pulsieren. Zeitgleich krümmen sich die Tentakel nach allen Seiten und lassen die Konturen des Tintenfisches völlig verschwimmen. Wenn das Tier dann noch eine Wolke von Leuchtpartikeln ausstößt, die ein blaues Licht versprühen, ist der Angreifer völlig verwirrt. *Vampyroteuthis infernalis* hat sein Ziel erreicht und genug Zeit, um in aller Ruhe in sichere lichtlose Sphären zu entfliehen. Doch nicht nur seine Beleuchtungstricks sind bemerkenswert, der Vampirtintenfisch ist auch der einzige Kopffüßer, der sein ganzes Leben unter extrem sauerstoffarmen Bedingungen verbringt. Wie Meeresbiologen herausgefunden haben, besitzt er einen ganz besonderen Blutfarbstoff, das Hämocyanin, das sehr effektiv O_2 aus dem Wasser binden kann.

Riesenkalmare: Rätselhafte Riesen der Tiefsee

Wer bei Tintenfischen nur an die Exemplare in der Pizzeria um die Ecke oder gegrillten Octopus beim Griechen denkt, ist liegt falsch. Neben den dort als Leckerbissen angebotenen Kopffüßern gehören auch ausgesprochen unappetitliche Exemplare zu dieser Tiergruppe, die zum Teil sogar für den Menschen ungenießbar sind. Dazu gehören in erster Linie Kalmare, die als Höchstleistungsschwimmer bekannt sind. Sie tragen eine

Ammoniumchlorid-Lösung in ihrem Körper, die leichter als Ozeanwasser ist und dadurch für Auftrieb sorgt – aber auch für den strengen Geruch der Tiere. Dieser fiel auch bereits den Menschen auf, die vor langer Zeit auf gelegentlich an der Küste angeschwemmte Riesentintenfische stießen.

Über Jahrhunderte hinweg hatte man gerätselt, ob die Erzählungen von Seefahrern und Entdeckern über tintenfischähnliche Seeungeheuer auf Tatsachen beruhten oder vielleicht doch einem alkoholvernebelten Gehirn entsprungen waren. Dass solche Giganten der Meere tatsächlich existierten, dafür legte im Jahr 1856 erstmals der dänische Forscher Japetus Steenstrup Indizien und Beweise vor. Anhand einiger Überreste eines angespülten Kadavers – darunter ein papageienschnabelartiger Kiefer – rekonstruierte er das Tier und legte damit den Grundstein für das moderne Bild von den zehnarmigen Riesenkalmaren (*Architeuthis*). Nur wenige Jahre später, 1861, entdeckte die Besatzung des französischen Kriegsschiffes Alecton vor der Küste von Teneriffa einen dieser Riesenkalmare und versuchte vergeblich, ihn zu bergen und an Land zu bringen. Immerhin sorgten ihre Berichte nach der Rückkehr dafür, dass die Zweifel an der Existenz solcher Tiere weiter schwanden.

1887 schließlich wurde in der Lyall Bay in Neuseeland ein besonders großes Exemplar eines Riesenkalmars entdeckt. Er maß vom Körper-Hinterende bis zur äußersten Tentakelspitze 16,8 Meter und wog knapp eine Tonne. Wissenschaftler wie Volker Christian Miske vom Zoologischen Institut der Universität Greifswald halten es für möglich, dass noch viel größere Exemplaren in den Tiefen der Meere leben. Der Gigantismus der Riesenkalmare beschränkt sich nicht nur auf die Länge des Körpers oder der Fangarme, auch ihre einzelnen Organe sprengen alle sonst bekannten Maßstäbe. Der Penis etwa ist einen Meter lang, die Augen der Tiere haben einen Durchmesser von bis zu 40 Zentimetern und auch die Saugnäpfe sind manchmal noch kuchentellergroß. Mittlerweile sind mehrere hundert Riesenkalmare angeschwemmt oder von Fischern gefangen worden. Im Jahr 2002 entdeckten beispielsweise Wissenschaftler vom Forschungsschiff Aldebaran in den Gewässern vor Teneriffa so einen Giganten. Auch vor Australien und Japan sind in letzter Zeit ähnlich spektakuläre Funde gemacht worden. Viel weiß man über die Riesentintenfische aber heute immer noch nicht.

Seit rund 40 Jahren erforscht Clyde Roper vom National Museum of Natural History in den USA Riesenkalmare. Alles Mögliche hat er versucht, um als erster Mensch die Giganten der Meere in ihrer natürlichen Umgebung zu beobachten. Sogar Pottwale, die natürlichen Feinde der Riesenkalmare, hat er mit Kameras bestückt, um ihnen auf die Spur zu kommen. Vergeblich. Auch unbemannte U-Boote die zu Aufnahmen in den Kaikoura Canyon vor der Küste Neuseelands abtauchten, kamen ohne Erfolg zurück. Dort bringen Fischer häufiger mal Riesenkalmare von ihren Fischzügen mit. „Das Meer ist beinahe unendlich", sagt dazu Roper, „und wir können nicht genau sagen, welchen Teil die Riesenkalmare bewohnen. Wir wissen, dass sie existieren, aber eben nicht genau wo."

Erst im Jahr 2012 gelang es japanischen Forschern, einen Riesenkalmar in seiner natürlichen Umgebung zu filmen. Mit Hilfe eines speziellen Tauchboots tauchten sie vor der südjapanischen Chichi-Insel in Tiefen von 600 bis 900 Meter ab, setzten einen kleinen Tintenfisch Köder aus und warteten auf den entscheidenden Moment. Nach rund hundert Tauchgängen erschien tatsächlich ein rund drei Meter langes Exemplar eines *Architeuthis*. Die Filmaufnahmen zeigen, wie dieser Kalmar gegen die Strömung schwimmt und den Köder packt. Er umschlingt ihn mit seinen acht Fangarmen und blickt mit den gewaltigen Augen in die Kamera. Zu sehen war dabei auch, dass dem Tier beide Fangtentakel fehlten. Wie zu diese Verlust kommen kann, hatten die Forscher bei einem früheren Versuch schon einmal beobachtet. Dabei hatte ein Riesenkalmar ebenfalls einen Köder angegriffen, sich dann aber mit einem seiner Tentakel im Köderhaken verfangen. Das Tier riss sich los und hinterließ nur seinen Tentakel.

Anfang 2013 stellte ein internationales Forscherteam fest, dass sich alle bekannten Riesenkalmare genetisch verblüffend ähnlich sind – obwohl sie teilweise tausende von Kilometern weit voneinander vorkommen. Die Forscher hatten für ihre Untersuchung Proben von insgesamt 43 Exemplaren aus allen Teilen der Erde gesammelt. Das Gewebe stammte dabei meist von tot angeschwemmten Tieren, oder von solchen, die in den Netzen von Tiefseefischern gelandet waren. Aus diesen Proben gewannen und analysierten die Forscher das sogenannte mitochondriale Erbgut – DNA, die nicht aus den Zellkernen stammt, sondern aus den Mitochondrien – den Kraftwerken der Zelle. Anhand dieses nur über die mütterliche Linie vererbten Genmaterials lassen sich Verwandtschaftsbeziehungen zwischen Individuen besonders gut nachweisen.

Das Ergebnis: Selbst Exemplare, die an entgegengesetzten Teilen der Erde lebten, beispielsweise vor der Küste Floridas und Japans, besaßen äußerst ähnliches mitochondrales Erbgut. Nach Ansicht der Forscher ist dies sehr ungewöhnlich, denn selbst der nah verwandte Humboldt-Kalmar hat eine 44-fach höhere genetische Vielfalt. Einander ähnlicher sind sich nur noch die wenigen verbliebenen Exemplare des Riesenhais (*Cetorhinus maximus*), der aber erst vor kurzem nur knapp dem Aussterben entging. Warum aber das Genom der Riesenkalmare so wenig individuelle Varianten zeigt, ist bisher unklar. Belegt ist aber nun immerhin, dass es tatsächlich weltweit nur eine einzige Art von Riesenkalmaren gibt: *Architeuthis dux*. Und wie es aussieht, herrscht zwischen den Exemplaren dieser Art ein noch relativ reger Austausch – trotz der teilweise großen Entfernungen zwischen ihnen.

Bermudas Unterwelt – Expedition zu den Salzwasserhöhlen einer Tropeninsel

7

Nadja Podbregar

Zusammenfassung

Tief unter der sonnigen Oberfläche der Bermuda-Inseln verborgen liegt eine ganz eigene Welt: ein System aus zahllosen mit Meerwasser gefüllten Höhlen. Die Unterwasserhöhlen von Bermuda existieren schon seit rund einer Million Jahren, doch erforscht ist das Labyrinth aus unterirdischen Grotten, Tunneln und Passagen bisher kaum. Erst seit einigen Jahren erkunden Höhlentaucher und Forscher diese geheimnisvolle Unterwasserwelt. Im Sommer 2011 machte sich ein weiteres Team aus Forschern und Höhlentauchern auf, um die Salzwasser-Höhlen unter dem einzigen Korallenatoll des Nordatlantiks näher zu erforschen. Auf ihren Tauchgängen stießen sie auf unentdeckte Passagen, Unterwasserbrücken, geologische Raritäten und Dutzende neuer Pflanzen- und Tierarten. Es zeigte sich aber auch, wie sensibel und gefährdet die einzigartige Lebenswelt dieser Höhlen ist.

Inseln aus Feuer und Eis

Die meisten verbinden die Bermuda-Inseln mit Urlaub, Strand und einem leuchtend grünblauem Meer. Aber fernab von Licht und Sonne hat die von Korallen gesäumte Insel noch weitaus mehr zu bieten. Denn mit mehr als 150 bekannten und noch zahllosen unerforschten Kalksteinhöhlen sind die Bermuda-Inseln auch ein Paradies für Höhlenforscher. Schon Anfang des 19. Jahrhunderts wurden viele dieser Höhlen entdeckt, die meisten durch puren Zufall. So sollen zwei zwölfjährige Jungen im Jahr 1905 die Crystal Cave entdeckt haben, als sie ihren in einem Loch verschwundenen Cricketball suchten. Heute gilt die Höhle mit ihren kristallklaren Unterwassertümpeln und eindrucksvollen Ansammlungen von Stalagtiten und Stalagmiten als eine der berühmtesten Höhlen Bermudas. Aber warum gibt es gerade im Untergrund der Bermudainseln so viele unterirdische Hohlräume?

Die Besonderheit liegt in der Geschichte der Inseln. Schon ihre Geburt war alles andere als unspektakulär: Der Kern der heutigen Bermudas wurde buchstäblich in Feuer geboren. Vor rund 35 Millionen Jahren brach inmitten des Atlantiks ein Unterseevulkan aus und türmte seine Lava so hoch auf, dass eine Insel entstand. Während sich anschließend der Atlantik weiter ausdehnte, blieb die Insel allein im Ozean zurück. Im Gegensatz zu vielen anderen Inseln, die einst Teil einer Landmasse waren, blieben die Bermudas bis heute isolierte Einzelgänger. Im Laufe der Zeit trugen Wind und Wellen die Spitze des alten vulkanischen Kegels ab und Korallen begannen, sich an den Hängen des erodierten Unterwasserberges anzusiedeln. Seine Lage inmitten des Golfstroms verleiht Bermuda ein mildes Klima und warmes Wasser – für Korallen genau das richtige. Die Insel wurde Heimat der nördlichsten tropischen Korallenriffe der Erde. Über die Jahrmillionen wuchsen die Riffe immer weiter die Höhe und ließen gewaltige Kalksteinsockel entstehen. Dieser Kalkstein bildet bis heute den Großteil des Untergrunds der Bermudainseln.

Vor rund einer Million Jahren änderte sich das Klima. Die Eiszeit ließ den Meeresspiegel bis auf 100 Meter unter das heutige Niveau absinken. Als Folge lag fast der gesamte Kalksteinsockel der Bermudas plötzlich frei und war Regen und Wind schutzlos ausgesetzt. „Als das Süßwasser durch den porösen Kalkstein nach unten sickerte und dann seitlich Richtung Ozean abfloss, begannen sich die ersten Höhlen zu bilden", erklärt Steve Blasco vom Geological Survey of Canada. Das Wasser löste den Kalk an vielen Stellen auf und schuf so nach und nach immer größere Rinnen, Röhren und Kammern im Gestein. Solche Prozesse sind eigentlich nichts Besonderes, sie finden noch heute in vielen Karstgebieten der Erde statt. Für die Bermudainseln war die Geschichte damit aber noch lange nicht abgeschlossen: Denn als die Eiszeit vorüber war und die Gletscher schmolzen, stieg auch der Meeresspiegel wieder. Der Atlantik eroberte sich nicht nur große Teile des Inselsockels wieder zurück, er flutete auch die meisten Höhlen. Diese Überflutung schuf erst die einzigartige, versunkene Salzwasserwelt unter den Bermudas.

Während viele der von Land aus zugänglichen Höhlen heute erkundet sind, existieren noch immer zahlreiche Gänge und Hohlräume, deren Eingang im Meer liegt und die daher bisher unentdeckt blieben. Andere Höhlen sind zwar bekannt, aber nur im oberen Teil erforscht, da die tieferliegenden, überfluteten Bereiche schwer zugänglich sind und besonderes Gerät erfordern. Diese weißen Flecken auf der Höhlenlandkarte der Bermuda zu tilgen, war das Ziel der Expedition „Bermuda Deep Water Caves 2011: Dives of Discovery".

Green Bay Cave – die Generalprobe

13. Juni 2011. Vier schattenhafte Gestalten schwimmen durch das leuchtend blaue Wasser vor der Küste. Kaum abgetaucht, verschwinden sie in einem dunklen, unter Wasser liegenden Loch: dem Eingang zur Green Bay Cave. Mit zwei Kilometer erkundeten Gängen ist sie die längste Unterwasserhöhle der Bermudas. Zwischen ihren beiden Eingängen erstreckt sich ein komplexes Netzwerk aus kleineren Tunneln und größeren Passagen durch den Untergrund der Insel. Einige der Tunnel zeigen noch Spuren eines unterirdischen Flusses, über den einst Süßwasser aus dem Inselinneren ins Meer strömte. Nahezu überall säumen Stalagtiten und Stalagmiten die Höhlenwände. Sie zeugen davon, dass die Green Bay Cave lange Zeit über dem Meeresspiegel lag, denn nur dann entstehen diese Kalksteinformationen.

So faszinierend diese Höhle auch ist, für die vier Taucher des „Bermuda Deep Water Caves"-Projekts ist sie wenig mehr als eine Aufwärmübung. Denn für sie geht es heute vor allem darum, ihre Ausrüstung auszutesten und die Zusammenarbeit von Forschern, Sicherungstauchern und der Unterwasserfotografin Jill Heinerth einzuspielen. „Es braucht eine unglaubliche Taucherfahrung, um diese Art des Tauchens durchzuführen", erklärt Heinerth. „Aber man benötigt auch ein hohes Niveau von Aufmerksamkeit und Kreativität." Um auch enge Höhlengänge passieren zu können, nutzen die Taucher sogenannte „Sidemounts": Statt ihre Gasflaschen auf dem Rücken zu tragen, transportieren sie sie seitlich am Körper. Das gibt ihnen mehr Bewegungsfreiheit.

Während die Taucher durch das Wasser gleiten, geleitet von starken Scheinwerfern an ihren Helmen, hinterlassen sie nur wenige Luftblasen.

Denn sie benutzen ein spezielles, an große Tauchtiefen angepasstes Beatmungssystem. Diese sogenannten Rebreather oder Kreislauftauchgeräte geben die Ausatemluft nicht einfach ans Wasser ab, sondern recyceln sie. „Da der Mensch nur einen kleinen Anteil des Sauerstoffs der Luft nutzt, enthält die Ausatemluft noch wertvolle Sauerstoffreserven", erklärt Heinerth. Der Rebreather fängt daher die ausgeatmete Luft wieder ein, reinigt sie durch einen Filter vom Kohlendioxid und setzt zusätzlich wieder Sauerstoff hinzu. Dadurch wird Gas gespart und die Taucher kommen länger mit ihren Gasvorräten aus. Die Zusammensetzung des Atemgases wird von den Tauchgeräten automatisch an die Tauchtiefe angepasst: Je tiefer die Taucher kommen, desto höher muss der Sauerstoffanteil sein, damit sich nicht zu viel Stickstoff in den Geweben anreichert. Zusätzlich ist dem Atemgas der Höhlentaucher ein Teil Helium zugesetzt, auch dies soll die Gefahr der Taucherkrankheit reduzieren und die Dekompressionszeiten verkürzen.

Aber auch mit dieser Ausrüstung müssen die Höhlentaucher, die bis in Tiefen von mehr als 60 Meter hinabsteigen, Zwischenstopps auf dem Weg zur Oberfläche einlegen. Diese Dekompressionszeiten erlauben es dem im Gewebe angereicherten Stickstoff, ganz allmählich wieder frei zu werden. Dies vermeidet die tödliche Bläschenbildung. „Der letzte der erforderlichen Dekompressionsstopps dauert dabei über eine Stunde", erklärt Brett Gonzalez, einer der Höhlentaucher der Bermuda-Expedition. Für diesen Zweck bringen Techniker an jeder Tauchstelle ein langes Stahlrohr mit Befestigungsschlaufen am Ende aus, an dem sich die Taucher während ihrer Zwangspause im Wasser festhalten können. Der erste Testdurchlauf verläuft ohne Probleme. Jetzt kann es ernst werden.

Zwei Taucher erkunden eine Unterwasserhöhle an der Küste der Bermudas (© Jill Heinerth/Bermuda Deep Water Caves 2011 Exploration/NOAA-OER)

Die Unterwasserbrücke

Am 15. und 16. Juni machen sich die Taucher auf zum ersten neu zu erkundenden Ziel der Expedition: einer Höhle mit einer spektakulären natürlichen Gesteinsbrücke. Diese Struktur war erst im Jahr 2009 bei Voruntersuchungen entdeckt worden. Damals hatten die Forscher die Ränder des Gesteinssockels der Bermuda-Inseln mit Hilfe eines Multibeam-Sonars vermessen. „In einer Region verliefen einige Sedimentkanäle mit steilen Wänden und sich verzweigenden Ästen senkrecht zur Inselkante", erzählt Tom Iliffe vom Marine Biospeleology Lab der Texas A&M University, einer der Leiter der Expedition. In einem dieser Kanäle zeigte das Multibeam-Sonar zwei Hohlräume. Mit einem ferngesteuerten Tauchroboter erkundeten die Wissenschaftler daraufhin die Formation näher. „Die Struktur entpuppte sich als natürliche Brücke, wahrscheinlich der Rest einer ehemaligen Höhle", so Iliffe. Der Forscher vermutet, dass auch durch diesen Bogen einst Süßwasser vom Landesinneren ins Meer floss.

Der Gesteinsbogen der Brücke ist acht Meter breit und 40 Meter lang. Während der landwärts gelegene Zugang zu dem von diesem Bogen gebildeten Tunnel verschüttet ist, erweist sich der seewärtige Eingang als frei. Diesen steuern die Taucher nun an, um zwei Jahre nach Entdeckung dieser Struktur erstmals auch ihr Innenleben näher zu untersuchen. „Als ich in den weit aufklaffenden Eingang der Höhle schaute, konnte ich schon das am anderen Ende des Ganges einfallende Tageslicht sehen", berichtet der Höhlentaucher Paul Heinerth. Aber noch war unklar, ob es im Inneren des Ganges nicht vielleicht noch eine Abzweigung zu einem intakten Höhlensystem geben könnte. „Tatsächlich gab es da eine tunnelähnliche Struktur, die nach Norden abzweigte", sagt Heinerth. „Ich fragte mich, was für eine Höhle dort wohl auf seine Entdeckung wartete."

Doch die Hoffnung erweist sich als verfrüht: Der Gang endet schon wenige Meter weiter in einer Sackgasse. Die Forscher müssen sich mit einigen Gesteinsproben und einer genauen Vermessung der Höhle zufrieden geben. Dennoch ist der Tauchgang ein Erfolg, denn die Unterwasserbrücke und ihr Innenleben sind nun erstmals genauer kartiert. Die geologischen Proben geben Wissenschaftlern an Land weitere Möglichkeiten, ihre Entstehung näher zu erforschen. „Das Sahnehäubchen dieses Tauchtages kam am Ende: Als ein drei Meter großer Mantarochen bei unserem 18-Meter-Dekompressionsstopp direkt auf mich zukam", berichtet Brian Kakuk von der Bahamas Cave Research Foundation, der vierte Taucher. „Es sah aus, als wenn Brian mit dieser Wasserkreatur tanzte", schildert Jill Heinerth die Begebenheit. Erst nach einer dritten Runde drehte der Rochen ab und verschwand in den Weiten des Ozeans.

Der Organismenwelt der Salzwasserhöhlen auf der Spur

Im Laufe ihrer Tauchgänge begegnen die Forscher immer wieder den verschiedensten Höhlenbewohnern. Die Palette beginnt dabei mit vorübergehenden „Gästen" – Tieren, die normalerweise im Ozean oder am Meeresgrund leben und nur einen Teil ihrer Zeit in den Höhlen verbringen. Diese Organismen finden sich meist an den Höhleneingängen und in den Teilen der Passagen, die direkten Zugang zum Meer haben. Zu ihnen gehören viele Fische, einige Krebsarten, aber auch zahlreiche deutlich weniger mobile Tiere, die den ständigen Ein- und Ausstrom des Wassers am Höhleneingang zur Nahrungsaufnahme nutzen. „Bunt gefärbte Schwämme, Polypen, Tunikaten und andere Aufwuchsorganismen bedecken die Wände und Decke buchstäblich über und über", berichtet Tom Iliffe vom Marine Biospeleology Lab der Texas A&M University.

Folgt man jedoch dem Gang weiter in die Höhle hinein, ändert sich das Bild: „Mit den abnehmenden Strömungen und eingespülten Nährstoffen nimmt auch die Dichte dieser Lebewesen ab", so Iliffe. In den klaren Wassern der tieferen Höhlenregionen dominieren zunehmend die echten Höhlenbewohner. Diese sogenannten Stygobiten sind an das Leben im Dauerdunkel der unterirdischen Gänge und Tümpel angepasst. Oft besitzen sie keine Augen mehr und ihre Körper sind unpigmentiert. „Obwohl solche Stygobiten seit langem aus Süßwasserhöhlen bekannt sind, hat man ähnliche Tiere aus salzwassergefüllten Höhlen erst vor kurzem entdeckt", erklärt Iliffe. Allein in den Salzwasserhöhlen der Bermudas habe man inzwischen 75 höhlenspezifische Tierarten identifiziert. Die meisten von ihnen gehören zu den Krebstieren, aber auch Schnecken, Milben, Wimperntierchen und Würmer sind darunter.

Eine in den Unterwasserhöhlen neuentdeckte Flohkrebsart hat zwar Verwandte im Grundwasser der Mittelmeerregion und Frankreichs, wurde aber auf den Bermudas oder sonstwo jenseits des Atlantiks noch nirgendwo sonst gefunden. Das sei kein Einzelfall, berichtet Iliffe: „Obwohl sie auf unterirdische Lebensräume spezialisiert und daher meist sehr isoliert sind, findet man viele gleiche Vertreter der Höhlentiere an entgegengesetzten Seiten der Erde", so der Forscher. Wie die eng verwandten Arten sich so weit voneinander entfernt ansiedeln konnten – mit tausenden von Kilometern für sie ungeeigneter und damit nahezu unüberwindbarer Lebensräume dazwischen – ist bisher noch unklar.

„Eine Theorie erklärt dies damit, dass viele Höhlentiere schon vor 200 Millionen Jahren entstanden, zu einer Zeit, als alle Kontinente zu einem einzigen Superkontinent vereint waren", sagt Iliffe. Mit dem Auseinanderdriften der Erdplatten wurden auch die in den Höhlen lebenden Tiere in alle Welt verstreut. Einige der in den Bermuda-Höhlen entdeckten Tierarten gelten als lebende Fossilien – sie sprechen für diese Theorie. Eine andere Theorie geht davon aus, dass die Stygobiten der

Meereshöhlen ursprünglich Bewohner der Tiefsee waren. Von dort an Dunkelheit und Nahrungsarmut gewöhnt, wanderten sie in Höhlen ein und ließen sich dort nieder. „Andere vermuten, dass diese Höhlentierarten in ihren unterirdischen Lebensräumen strandeten, als sich das Urmeer Tethys zurückzog und sie keine Möglichkeit mehr hatten, das offene Meer zu erreichen", erklärt Iliffe.

Salz, Gezeiten und Wasserspeicher

Warm oder kalt, salzig oder süß, hell oder dunkel: Für Lebewesen sind die Unterwasserhöhlen der Bermudas ein extrem veränderliches und vielseitiges Habitat. Denn sowohl Lichtverhältnisse als auch der Zustand des Wassers ändern sich je nach Lage, aber auch im Laufe der Zeit. Viele der Höhlen stehen unter dem Einfluss der Gezeiten: Bei Ebbe strömt Wasser aus ihnen ins Meer, bei Flut fließt frisches Meerwasser ein – und mit ihm Plankton und damit neue Nahrung für die Höhlenbewohner.

Ein Sonderfall ist die Tucker's Town Cave im Norden der Bermuda-Hauptinsel: Sie besteht im Prinzip nur aus einem 20 Meter über dem Meeresspiegel gelegenen Eingang, der nach unten in einen großen Salzwassersee führt. Licht fällt kaum in die Höhle, im See herrscht nahezu Dauerdunkel. Einen sichtbaren Abfluss oder eine Verbindung zum Meer konnten die Höhlentaucher nicht finden. Dennoch bewegt sich auch in dieser scheinbar isolierten Höhle der Wasserstand im Rhythmus der Gezeiten – hinkt dabei allerdings knapp eine Stunde hinterher. Der Höhenunterschied zwischen Ebbe und Flut betrage rund 62 Prozent der Schwankungen im offenen Meer, sagt der Höhlenbiologe Tom Iliffe. Ein Hinweis auf eine mögliche Verbindung zum Meer könnte eine trichterförmige Senke im Sand des Seegrunds sein. Möglicherweise, so vermuten die Höhlenforscher, deutet er auf die Existenz einer noch tieferen Höhlenebene hin. Eine Passage oder einen Tunnel fanden sie jedoch nicht.

Noch weiter im Inneren der Insel existieren auch zahlreiche Höhlen, die kaum eine Verbindung zu Ozean haben. In ihren Tümpeln bewegt sich das Wasser noch weniger, eine brackige Schicht aus Regenwasser gemischt mit Meerwasser steht auf der Wasseroberfläche. In der Coffee Cave liegt der Salzgehalt zu manchen Zeiten nur bei neun Promille –

das Atlantikwasser hat normalerweise 35 Promille. Tiere und Pflanzen in diesem Lebensraum müssen sich daher auch an wechselnde Salzgehalte anpassen.

Ein weiteres, für viele Salzwasserhöhlen typisches Phänomen ist in der Green Bay Cave deutlich zu erkennen: Die Wände dieser Höhle sind zweifarbig: Wie mit einem Lineal gezogen, trennt eine auf einer Höhe liegende Linie einen oberen hellen Teil von einem unteren, dunkelrotbraun gefärbtem Bereich der Wände. Ursache dieser seltsamen Färbung ist das Wasser: In bestimmten Höhlenbereichen tauscht es sich nur ab und zu aus. Das führt dazu, dass sich kälteres und damit dichteres Meerwasser in Senken und im unteren Bereich dieser Höhlen sammelt. Es enthält Eisen- und Manganverbindungen, die sich an den Wänden ablagern und sie braun färben. Im Sommer dringt dann wärmeres, frisches Wasser ein und steigt nach oben. Es fängt sich den Kuppeln und Gewölben des oberen Höhlenteils.

Rohstoffquelle und Müllhalde

So einzigartig die Lebenswelt der Unterwasserhöhlen von Bermuda ist, so bedroht ist sie auch. Denn immer mehr Höhlen und ihre Bewohner werden Opfer menschlicher Aktivitäten: Viele werden zugeschüttet, um darüber Hotels zu errichten oder um Kalkstein abzubauen. Andere werden als Müllkippen missbraucht und unwiederbringlich versucht.

„Bermuda ist eines der zehn am dichtesten besiedelten Länder der Erde – und hat die größte Anzahl privater Jauchegruben pro Kopf", sagt Tom Iliffe. Die ungeklärte Entsorgung der Abwässer und anderer Abfälle in Gruben, Löcher und Höhleneingänge kontaminiere das Grundwasser und das Wasser der Höhlen mit Lösungsmitteln, Schwermetallen, Nitraten und Arzneimittelrückständen. Und selbst die Höhlen, die touristisch genutzt werden, sind teilweise gefährdet: „Viele der Touristen sehen die klaren Unterwassertümpel als natürlich Wunschbrunnen an und werfen Geldmünzen hinein", erklärt Iliffe. Das Kupfer in diesen Münzen löst sich im Salzwasser schnell auf und kann in Höhlen mit wenig Wasseraustausch giftige Konzentrationen erreichen. „In Bermuda sind bereits 25 Arten von Höhlentieren in die höchste Gefährdungsstufe der Roten Liste eingestuft", sagt Tom Iliffe. Die Wahrscheinlichkeit, dass diese

Arten aussterben liege bei 50 Prozent. Gerade die Lebewesen der Salzwasserhöhlen seien besonders gefährdet, da sie oft nur aus einer einzigen Höhle bekannt seien und kaum in andere Lebensräume ausweichen können.

Ein Beispiel für eine Höhle, die dem Bauboom Bermudas zum Opfer fiel ist die Government Quarry Cave: 1969 stießen Bohrungen unter einem Kalksteinbruch auf eine große Höhle 18 Meter unter dem Meeresspiegel. Nähere Erkundungen zeigten, dass die Höhle aus zwei Salzwasserpools bestand. Einer davon stand mit einem ausgedehnten Netzwerk von Spalten und Gängen in Verbindung, die bis in 24 Meter Tiefe reichten – damit ist dies bis heute eine der tiefsten bekannten Höhle der Bermudas. Forscher vermuten, dass ab 30 Metern Tiefe der Kalkstein von vulkanischem Grundgestein abgelöst wird. Dieser Übergang gilt daher als die tiefste Ebene, in der noch Kalksteinhöhlen zu finden sind. Doch bevor das Innenleben der Government Quarry Cave näher erkundet werden konnte, wurde sie zerstört: „Große Mengen von Schutt und anderen Trümmern wurden in den 1980er Jahren absichtlich mit Bulldozern in die Höhlenseen geschüttet, um sie zu füllen, bevor der Abbau des Kalksteins im darüber liegenden Steinbruch weiterging", erzählt der Meeresgeologe Steve Blasco vom Geological Survey of Canada. Als Folge wurde nicht nur der unmittelbar unter dem Steinbruch liegende Höhlenteil zerstört, über die Wasserverbindungen drangen auch Schadstoffe in benachbarte Höhlensysteme ein. Sie machten den einstigen Lebensraum vieler Höhlentiere zur sauerstoffarmen, schwefelhaltigen Todeszone.

Der tiefste Tauchgang der Bermudas

18. Juni 2011. Für die Taucher der Bermuda Deep Caves-Expedition steht ein Höhepunkt bevor: Heute soll der tiefste bemannte Tauchgang erfolgen. Das Ziel ist die Challenger-Tiefe, der steile Hang des Challenger-Seamounts, eines Unterwasserberges, der dem Sockel der Bermudainseln vorgelagert ist. Auch dieser Hang war bereits 2009 vom Multibeam-Sonar abgetastet worden. Dabei hatten die Forscher zahlreiche dunkle Flecken in den Aufnahmen entdeckt, die auf mögliche Höhleneingänge hindeuteten.

Ein Taucher sucht am steilen Hang des Challenger Seamounts nach Höhleneingängen
(© Jill Heinerth/Bermuda Deep Water Caves 2011 Exploration/NOAA-OER)

„In Ausrüstung eingepackt, die mehr einem Raumanzug glich als einer Tauchausrüstung, ließen wir uns von der Kante des Challenger-

Seamounts absinken", berichtet Jill Heinerth. In 129 Metern Tiefe stoppen Heinerth und ihr Mittaucher Brian Kakuk. Etwa auf dieser Höhe soll sich eine mögliche Höhlenöffnung befinden. Eine Aufnahme des ferngesteuerten Tauchroboters hatte gezeigt, dass vor dem potenziellen Eingang die Leine eines abgerissenen Ankers baumelte. Nach dieser Leine suchten die beiden Taucher nun. „Wir haben schnell festgestellt, dass nahezu jeder Einwohner Bermudas schon mal einen Anker auf der Challenger-Bank verloren haben muss – es wimmelte hier nur so vor abgerissenen Tauen", schildert Heinerth. Die Taucher finden zwar zahlreiche kleine Einbuchtungen im Steilhang, aber keine Höhle. Kalkuk geht noch bis auf 135 Meter hinunter, er glaubt dort einen vielversprechenden Hangabschnitt entdeckt zu haben. Aber umsonst: die erhoffte Höhle bleibt verschwunden.

Nach wenigen Minuten ist die Zeit um, die beiden Taucher müssen sich auf den Aufstieg machen, um ihre Dekompressionszeiten noch einhalten zu können. Während sie langsam nach oben steigen, sammeln sie Proben von Gestein und Aufwuchs am Steilhang. Deutlich ist die Schichtung der Korallen in den verschiedenen Tiefen zu erkennen: „Die zarten, spitzenähnlichen Korallen waren nur unterhalb von 120 Metern zu finden, dafür wuchsen die kompakteren, rötlichen Weichkorallen nur oberhalb von 75 Metern Wassertiefe", berichtet Heinerth. Diese Zonierung kommt zustande, weil die Organismen unterschiedlich viel Licht benötigen. Zudem können einige dem hohen Wasserdruck in der Tiefe besser widerstehen als andere.

Auch einige geologische Strukturen beobachten die beiden Taucher: In rund 110 Metern Tiefe ist der Steilhang durch zahlreiche tiefe Kerben gezeichnet. Die Forscher vermuten, dass es sich um Erosionsspuren durch Wellengang oder andere Wasserbewegungen handelt. Denn während der Eiszeit lag dieser Hangbereich nur knapp unter dem Meeresspiegel. Auch größere Erosionsspuren finden die Taucher: „Wir schwammen durch ein trogartiges Tal, das in die steile Seite des Unterwasserberges eingekerbt war", so Heinerth. Hier könnte einst Regenwasser vom damals noch über das Wasser hinausragenden Challenger-Seamount ins Meer abgeflossen sein. Am Ende des Tauchgangs zur Challenger-Tiefe haben die beiden Taucher einen neuen Rekord aufgestellt: „ROVs, Tauchglocken und Tauchboote haben diese Tiefen zwar bereits zuvor erkundet, aber wir waren die ersten Taucher hier unten. Unsere Beobachtungen aus erster Hand können den Wissenschaftlern an Land Details liefern, die ihnen zuvor nicht zur Verfügung standen." Noch allerdings hat die Auswertung der Foto- und Filmaufnahmen und der zahlreichen Proben gerade erst begonnen ...

Kaltwasserkorallen – „Great Barrier Reef" des Nordens

8

Andreas Heitkamp

Zusammenfassung

Riffe, Korallen und Fische im Überfluss – wer denkt da nicht an Urlaub, warmes Wasser oder das tropische Great Barrier Reef? Doch auch im kühlen Atlantik gibt es ein riesiges Riffsystem, das sich von Spanien bis zum Nordmeer erstreckt. Kaltwasserkorallen heißen die Überlebenskünstler, deren Erforschung jedoch erst noch am Anfang steht. Mittlerweile bestätigen jedoch immer neue Funde, dass Kaltwasserkorallen nicht nur im Atlantik, sondern weltweit verbreitet sind. Denn seitdem die Forscher mit neuester Technik gezielt auf die Suche gehen, tauchen sie scheinbar überall auf: Egal ob Norwegen, Kanada, Neuseeland, Japan oder Südafrika – die Liste der Länder, vor deren Küste Kaltwasserriffe existieren, ist inzwischen auf mehrere Dutzend angestiegen. Was daher zunächst als Skurrilität galt, scheint vielmehr ein fester Bestandteil des Ökosystems Meer zu sein.

Doch wie schaffen es die Tiere, im dunklen und kalten Wasser zu überleben? Denn im Gegensatz zu ihren tropischen Verwandten siedeln die Korallen abseits der Wasseroberfläche in mehreren hundert bis tausenden Metern Tiefe. Welche Nahrungsstrategien besitzen die Korallen und welche Bedeutung haben sie für das Ökosystem Meer? Trotz der vielen noch offenen Fragen, steht bereits jetzt fest, dass die Kaltwasserkorallen zu den alteingesessenen Bewohnern der Meere gehören. So hat die Analyse von Bohrkernen ergeben, dass einige der entdeckten Riffe über zweihunderttausend Jahre alt sind – Fossilienfunde reichen sogar über 30 Millionen Jahren zurück. Doch kaum entdeckt, könnten die ungewöhnlichen Blumentiere und ihre imposanten Bauwerke schon bald der Vergangenheit angehören. Denn

Schleppnetzfischerei und die zunehmende Versauerung der Weltmeere setzen ihnen immer weiter zu.

Leben im Dunkel – eine Tauchfahrt in die Tiefe

Gurgelnd schlägt das Wasser über dem Forschungstauchboot JAGO zusammen, das rasch und lautlos in die Tiefe gleitet. Schummriges Dämmerlicht dringt durch die Glaskuppel in das enge Innere, das alsbald von der ewigen Dunkelheit des Nordatlantiks abgelöst wird. Nur das schmale Scheinwerferlicht gibt den Blick immer wieder frei auf majestätische Quallen, huschende Fische und trübe Planktonschwärme. Immer weiter geht es hinab, bis endlich in mehreren hundert Metern Tiefe der Grund des Meeres schemenhaft auftaucht. Eine erste Aufregung macht sich bei Professor André Freiwald von der Universität Erlangen-Nürnberg bemerkbar. Denn schon bald wird er wieder mit eigenen Augen sehen, was ihm bis vor einigen Jahren niemand glauben mochte: Korallenriffe am Boden des Nordmeers.

Leben im Dunkel – eine Tauchfahrt in die Tiefe

Forschungstauchboot JAGO des IFM-GEOMAR Kiel (© VollwertBIT/CC-by-sa 3.0)

Nur wenige Grad Celsius zeigt das Außenthermometer des Tauchboots an. Eben diese Kälte und das fehlende Sonnenlicht ließen die Fachwelt immer wieder an der Existenz der Korallen zweifeln. Denn diese galten bisher als typische Bewohner lichtdurchfluteter tropischer Gewässer. Trotzdem hatte es schon länger Hinweise auf die mögliche Existenz auch tieferliegender Riffe gegeben. Fischer fanden immer mal wieder seltsame Bruchstücke von „Ästen" in ihren Netzen und auch an den Stränden Norwegens spülte das Meer ab und zu Überreste der Korallen an. Doch wie sollten diese unter den unwirtlichen Bedingungen überleben können? Freiwald und sein Team gingen den Gerüchten Mitte der

1990er Jahre erstmals systematisch auf den Grund – und wurden fündig. Heute zählt der Paläontologe zu den weltweit führenden Experten für Kaltwasserkorallen und fördert immer wieder neue Erkenntnisse über die seltsame Welt in der Tiefe zutage. Auch 2006 war er bei einer Tauchfahrt im Rahmen von HERMES dabei, einem EU-Projekt zur Erforschung der europäischen Kontinentalränder.

Zahlreiche Fische umschwärmen die Glaskuppel, als sich JAGO vorsichtig dem „Unterwassergarten" nähert. Zart und zerbrechlich schillern die hellweißen bis zartrosa Ästchen, welche die Steinkorallen fächerförmig in alle Richtungen ausstrecken. Krebse, Muscheln, Anemonen und Kleinstlebewesen tummeln sich auf dem haushohen Riff, das sich in Jahrtausenden aus den kalkhaltigen Überresten der Korallen gebildet hat. Langsam und in Millimeterarbeit entnimmt der Pilot mithilfe eines Greifarms einige Proben aus dem Untergrund. Durch deren Analyse im Labor, so hofft Freiwald, lässt sich mehr über die Lebensbedingungen in der Tiefe in Erfahrung bringen. Rund zwei Stunden verbleibt der Forscher am Riff vor Norwegens Küste, macht Fotos und Videoaufnahmen und nimmt Wasserproben. Doch letztendlich bleibt ihm nur noch ein letzter Blick auf die Korallenfelder durch die schmale Sichtkuppel des Tauchboots – denn auch wenn die Technik theoretisch ein Überleben von bis zu vier Tagen unter Wasser ermöglicht, sind die Forscher schließlich doch nur Gast am Meeresgrund. Schweren Herzens gibt Freiwald daher den Befehl zum Auftauchen und langsam verlieren sich die Riffe wieder in der Dunkelheit. Auch wenn der Paläontologe gespannt an die Auswertung der gesammelten Proben und die Sichtung des Videomaterials denkt, so freut er sich doch auch auf die nächste Tauchfahrt.

Denn trotz der konzentrierten Arbeit in der engen Kapsel bleibt dem Forscher immer wieder Zeit zum Staunen. So weiß Freiwald von einem besonderen Tauchgang in der Nähe der Lofoten zu berichten. Dort war er abseits der Riffe auf dichte Ansammlungen von Brachiopoden auf dem flachen Meeresboden gestoßen. „Brachiopoden, auch als Armfüßer bezeichnet, waren besonders im Erdaltertum sehr weit verbreitet", erklärt Freiwald. „Als Paläontologe fühlte ich mich bei den Tauchfahrten in eine Zeit vor 300 Millionen Jahren zurückversetzt. Ein sehr beeindruckendes Erlebnis." Dieses wird wohl nicht das letzte gewesen sein, denn bis alle Geheimnisse um die Korallengärten gelüftet sind, wird Freiwald wohl noch häufig in die kalte Welt der Steinkorallen hinab tauchen müssen.

Überraschung am Meeresgrund – Korallenriffe im Nirgendwo

Knapp 20 Jahre ist es her, dass Paläontologen der Universität Erlangen-Nürnberg eine sensationelle Entdeckung machten: An den Kontinentalrändern des kalten Nordatlantiks sowie der Barents-See fanden sie Riffstrukturen, die bislang nur aus den warmen und lichtdurchfluteten Flachwassermeeren der subtropisch-tropischen Klimazone bekannt waren. Von Norwegen bis nach Spanien erstreckt sich im lockeren Verbund ein Korallengürtel, der mit einer Länge von 4500 Kilometern das bekannte australische Great Barrier Reef um weit mehr als das Doppelte übertrifft.

„Die Vorkommen der Kaltwasserkorallen, die wir vor Nordnorwegen erkundeten, waren viel größer als wir bisher angenommen haben", erklärt Christian Dullo vom GEOMAR – Helmholtz-Zentrum für Ozeanforschung Kiel. „Mit Hilfe des Tauchboots JAGO konnten wir die Ausmaße und die vorkommenden Arten erstmals viel besser bestimmen." Das Unterwasserfahrzeug bot Platz für zwei Wissenschaftler und hat sich im Einsatz schon des Öfteren bewährt, beispielsweise bei der Beobachtung des Quastenflossers in seinem natürlichen Lebensraum. Solche Tauchgeräte sind für die Erforschung der Kaltwasserkorallen unerlässlich, da diese bevorzugt in einigen hundert Metern Tiefe leben. Vor der Küste Neuenglands im Nordatlantik konnten die Überlebenskünstler sogar noch in einer Meerestiefe von 3300 Metern nachgewiesen werden. Damit unterscheiden sich die beiden dominierenden Arten, *Lophelia pertusa* und *Madrepora oculata*, erheblich von ihren tropischen Verwandten. Denn diese sind auf das Sonnenlicht als Energielieferant angewiesen und siedeln daher stets in den wärmedurchströmten Flachwasserbereichen mit einer maximalen Wassertiefe von 100 Metern.

„Tiefwasser-Riffe haben neben Schwarzen Rauchern und Schlammvulkanen eine neue Runde der geo-biologischen Meeresforschung eingeleitet", ordnet André Freiwald die wissenschaftliche Bedeutung der Kaltwasserkorallen ein. So hat ihre Entdeckung gezeigt, dass die Meere noch erheblich mehr Überraschungen zu bieten haben, als bislang vermutet. Eigentlich kein Wunder, denn die Kontinentalränder als Heimat der Kaltwasserkorallen sind größtenteils noch weiße Flecken auf den Forscherlandkarten. Insgesamt gelten sogar nur zehn Prozent des Meeresbodens als kartiert – weitaus weniger, als von der Oberfläche des Mondes bekannt ist.

Kaltwasserkorallen im Golf von Mexiko: links *Lophelia pertusa*, rechts *Madrepora oculata* (© NOAA-OE)

Überleben im Alleingang – Ernährungsstrategien unter Wasser

Kaltwasserkorallen wachsen im Vergleich zu ihren tropischen Verwandten geradezu im Zeitlupentempo: Maximal 2,5 Zentimeter im Jahr legen die Tiere pro Jahr an Größe zu, im Durchschnitt sogar wesentlich weniger. Warmwasserkorallen kommen hingegen jährlich auf ein Höhenwachstum von rund 15 Zentimetern. Auch in der Artenvielfalt stehen die Kaltwasserkorallen zurück, denn nur rund zehn Korallenarten sind in den kalten Gewässern am Bau der Riffgerüste beteiligt – in den Tropen sind es hingegen über 800. Doch wie entstehen trotzdem so imposante Riffstrukturen, die wie vor der Küste Irlands bis zu 200 Meter hoch werden können?

In der grundlegenden Bauweise unterscheiden sich die Riffe der Kaltwasserkorallen kaum von ihren tropischen Verwandten. So sondern die Nesseltiere während ihres Wachstums das aus dem Meerwasser und dem Plankton aufgenommene Kalziumkarbonat als Kalk ab. Daraus bilden sie im Laufe der Zeit becherförmige Gehäuse als Wohnhöhlen, die in ihrer Gesamtheit dann das Skelett eines Riffes bilden. Sterben die Tiere ab, so dienen diese Korallenstöcke wiederum als Basis für neue Polypengenerationen. So entsteht mit der Zeit ein Riff, das langsam aber sicher in die Höhe wächst. „Die Riffe sitzen häufig an topographisch erhabenen Positionen, an denen sich die Strömungen und somit auch der Nahrungsanteil konzentrieren", erklärt Freiwald die bevorzugte Verbreitung der Kaltwasserkorallen. Zum Nahrungsfang strecken sie die mit Nesselkapseln ausgestatteten Fangarme aus und fischen so ihr Hauptnahrungsmittel – das Plankton – aus dem Wasser. „Nicht-symbiontische Korallen wie *Lophelia* ernähren sich von Zooplankton wie beispielsweise Ruderfußkrebsen", fügt Freiwald hinzu. Erst diese Vorliebe für Frischfleisch ermöglicht es den Korallen, in der Tiefe und fernab vom Sonnenlicht zu überleben.

Ihre Ernährungsstrategie unterscheidet sich damit grundlegend von den tropischen Arten. Denn diese sind im Laufe der Evolution aufgrund des relativ nährstoffarmen warmen Wassers eine nützliche Symbiose mit einzelligen Algen eingegangen. Diese sitzen in der Außenhaut des Polypen und erzeugen mithilfe von Licht die nötigen Nährstoffe wie Zucker und Aminosäuren – sie betreiben Photosynthese. Übrigens sind diese Algen auch für die bunten Farben in den tropischen Korallengärten verantwortlich, da sie je nach Art unterschiedliche Farbpigmente bilden. Da die Kaltwasserkorallen ohne diese Algen auskommen und ihr Überleben letztendlich im Alleingang meistern, sind sie in der Regel auch farblos oder weißgrau. Dabei machen sie ihrem Namen alle Ehre und gedeihen nur bei Wassertemperaturen zwischen vier bis maximal 13 Grad Celsius. Zu den wichtigsten Riffbildnern zählen *Lophelia, Oculina, Madrepora, Enallopsammia, Goniocorella* und *Solenosmilia*.

Auf einer seiner Tauchfahrten ist Freiwald im Stjernsund vor Norwegens Küste auf ein ganz besonderes Riff gestoßen. Denn dort gliedert eine vor etwa 10.000 Jahren abgelagerte Endmoräne den Meeresarm in zwei Teilbecken von je mehr als 400 Meter Wassertiefe. „Die Endmoräne agiert heute als eine Unterwasserbarriere gegen den starken Gezeitenstrom und ragt bis in 200 Meter Wassertiefe auf", erklärt der Paläontologe. „Die Wuchsformen der riffbildenden Korallen weisen auf die extremen Strömungsbedingungen hin – wenig verkalkte und zu Bonsaiwuchs neigende *Lophelia*-Kolonien finden sich auf dem Dach der Schwelle und normal-wüchsige Korallen ausschließlich daneben.", weiß Freiwald zu berichten. Entsprechend ihrer Vorliebe für schnell fließendes Wasser haben sich die Korallen daher auf der strömungszugewandten Seite am stärksten entwickelt.

Kinderstube für Hochseefische

Ob Krebse, Muscheln, Schwämme oder Schnecken – die Kaltwasserriffe sind Anlaufstelle für zahlreiche Meerestiere. Wie in einer Oase in der Wüste wimmelt es hier nur so vor Leben. Wissenschaftler konnten bislang mehr als 1000 verschiedene Arten identifizieren, die die Korallengärten als Nahrungs-, Brut- oder Fortpflanzungsrevier nutzen. Auch wenn das vollständige Arteninventar noch im Dunkeln liegt und sich auch je nach Region unterscheidet, scheinen die Kaltwasserkorallen doch als regelrechtes Verteilzentrum für Meeresorganismen zu dienen. „Bei den Tauchgängen mit JAGO fiel zudem stets der Fischreichtum innerhalb der Korallenareale auf", fügt Freiwald hinzu. Kabeljau, Rotbarsch und Seelachs scheinen sich an den Hängen und Schluchten der Riffe richtig wohl zu fühlen. „Einige Fische, wie beispielsweise der Lumb, zeigen ein ausgeprägtes Territorialverhalten und ‚bewachten' größere Korallenkolonien", weiß Freiwald zu berichten. „Wir fanden auch viele Eigelege von Fischen und Kopffüßern in den Riffgebieten. Obgleich es zurzeit noch schwer zu quantifizieren ist, verdichten sich die Hinweise zur Bedeutung der Riffe als Kinderstube für viele Arten."

Doch möglicherweise gehören diese uralten tierischen Wohngebiete schon bald der Vergangenheit an. Denn Meeresverschmutzung und die Hochseefischerei mit ihren schweren Schleppnetzen haben den Kaltwasserriffen bereits schwer zugesetzt. „Wir dürfen nicht vergessen, dass viele Riffgebiete im Einzugsgebiet der klassischen Hochseefischerei liegen", erklärt Freiwald die potenzielle Bedrohung der Riffe. So werden seit mehr als zwanzig Jahren in der Hochseefischerei zunehmend Bodenschleppnetze eingesetzt. Diese reichen bis in eine Tiefe von 1500 Meter und pflügen auf ihrer Suche nach Beute den Meeresboden regelrecht um. Wuchtige Rollen und Metallschilde beschweren die fast fußballfeldbreiten Netze und hinterlassen tiefe Spuren am Boden.

Besonders gut dokumentiert sind diese Schäden an den Darwin Mounds, ungefähr 200 Meilen nordwestlich vor Schottland gelegen. Bereits im Jahr 1998 hatten Sonaraufnahmen und Fotos schwere Schäden an den dortigen Riffen gezeigt. Tiefe Furchen zogen sich wie Narben durch geborstene Korallen und zeigten die Zugbahnen der Schleppnetze an. Rund ein Drittel der riffbildenden Hartkorallen war zu diesem Zeitpunkt bereits zerstört. Durch intensive Bemühungen auf politischer Ebene sind die Darwin Mounds inzwischen jedoch für die Bodenschleppnetzfischerei gesperrt. Damit wurde ein Präzedenzfall geschaffen, denn zum ersten Mal konnte ein Seegebiet innerhalb der europäischen 200 Meilen Zone als Schutzzone ausgewiesen werden. Doch noch herrscht Unklarheit über die wahre Bedrohung der Korallenriffe. Schätzungen norwegischer Forscher gehen allerdings davon aus, dass womöglich die Hälfte aller nordatlantischen Korallenriffe bereits durch Schleppnetze beschädigt wurde.

Osteoporose in der Tiefe

Neben der Schleppnetzfischerei droht den Kaltwasserkorallen noch eine weitere Gefahr: die zunehmende Versauerung der Weltmeere. Seit der industriellen Revolution ist der ozeanische pH-Wert bereits um 0,1 Einheiten gesunken – Tendenz weiter sinkend. Schuld hieran ist der zunehmende Eintrag von atmosphärischem Kohlendioxid in das Meerwasser. Umgerechnet zieht der Ozean gegenwärtig jedes Jahr eine Tonne CO_2 für jeden auf der Erde lebenden Menschen aus der Atmosphäre. Doch wieso hat dies so verheerende Auswirkungen auf das Ökosystem Ozean und speziell die Kaltwasserkorallen?

Der sinkende pH-Wert senkt die natürliche Karbonatsättigung des Meerwassers. Je saurer das Milieu, desto mehr Kalziumkarbonat – das Baumaterial der Korallenriffe – wird im Wasser gelöst. Das aber bedeutet auch, dass das Wasser immer aggressiver an den Kalkstrukturen der Riffe nagt. Im schlimmsten Fall lösen sich somit die Kaltwasserriffe der Steinkorallen einfach auf. Auch anderen Meereslebewesen wie Muscheln, Seeigeln oder Seesternen wird der höhere Säuregrad wahrscheinlich zu schaffen machen. Ihnen fällt es durch die Versauerung schwer, ihre harten Skelette und Schalen aus Kalziumkarbonat zu formen und zu erhalten. Sie wachsen dadurch langsamer und sind leichter zerbrechlich.

Ähnlich der Osteoporose beim Menschen vollzieht sich dieser Prozess zunächst schleichend und unmerklich. Besonders kritisch ist die Lage jedoch für Organismen, deren Skelett wie bei den Steinkorallen aus dem leicht löslichen Aragonit besteht. Der Studie zufolge werden sich im Jahr 2099 rund 70 Prozent der heute bekannten Riffvorkommen in einem so sauren Milieu befinden, dass ihr Überleben äußerst fraglich ist. Aber nicht nur die Tiefwasserriffe wären von einer weiteren Versauerung betroffen. So könnten einem Bericht der Royal Society zufolge auch die Korallen an tropischen und subtropischen Riffen wie dem Great Barrier Reef bis zum Jahr 2050 stark dezimiert sein. „Wir wissen schlicht und ergreifend nicht, ob die Lebewesen in den Meeren – die ja ohnehin schon durch den allgemeinen Klimawandel beeinträchtigt sind – auch noch diese Veränderung verkraften können", sagt Ulf Riebesell vom GEOMAR in Kiel. „Seit Millionen von Jahren hat sich die Chemie der Meere nicht so rasant verändert wie heute.

Riebesell koordiniert den Themenbereich „Treibhauseffekt" im Kieler Forschernetzwerk „Ozean der Zukunft". Seine Arbeitsgruppe hat zahlreiche Arbeiten veröffentlicht, die belegen, dass kalkbildende Organismen im Meer durch die zunehmende Versauerung nachhaltig geschädigt werden – seien es Kaltwasserkorallen, Kalkalgen, Seesterne, Schnecken oder Muscheln. Insbesondere die Eier und Larven vieler Meeresbewohner reagieren sehr empfindlich auf die zunehmende Versauerung. Diese hätte aber nicht nur schwerwiegende Folgen für die an und in den Riffen lebenden Tieren. Auch der Mensch ist direkt oder indirekt von den Riffen abhängig – denn entweder benötigt er sie als Lebensraum für seine Nahrungsressource Fisch, als Touristen-Attraktion oder als Schutz der Küsten vor Bedrohungen wie Tsunamis.

Great Barrier Reef – bedrohte Wunderwelt des Meeres

9

Ute Schlotterbeck

> **Zusammenfassung**
>
> Das Great Barrier Reef – die farbenprächtige und artenreiche Unterwasserwelt vor der Nordostküste Australiens – ist eine der faszinierendsten Naturlandschaften der Erde. Auf einer unglaublichen Größe von 350.000 Quadratkilometern leben Abermilliarden winzigster Lebewesen. Sie arbeiten rund um die Uhr am größten Bauwerk, das jemals von lebenden Organismen geschaffen wurde. Doch das sensible Paradies des Meeres ist in Gefahr. Erwärmung und Versauerung des Meeres fördern die Korallenbleiche und den Tod vieler Korallen. Aber auch die touristische Übernutzung des Great Barrier Reef hinterlässt ihre Spuren. Ohne entsprechende Gegenmaßnahmen sieht die Zukunft des bunten Riffes sehr düster aus ...

Tückische Gefahr im kristallklaren Wasser

Wenn vom Great Barrier Reef die Rede ist, geraten die Menschen ins Schwärmen und ein Superlativ nach der anderen wird genannt. Da fallen dann Begriffe wie das achte Weltwunder, das größte von lebenden Organismen je geschaffene Bauwerk, das weitläufigste Korallensystem der Welt, das größte Lebewesen, das schönste Naturwunder der Erde und – nach dem tropischen Regenwald – die weltweit artenreichste Region. Doch was macht das Great Barrier Reef so besonders und einzigartig?

Das Riff erstreckt sich über eine Länge von rund 2000 Kilometern vor der Nordostküste Australiens. Es reicht von der Mündung des Fly River in Papua Neuguinea bis ungefähr zum Wendekreis des Steinbocks bei Rockhampton und dem Swain's Reef östlich von Gladstone. Entdeckt wurde das Great Barrier Reef von dem Franzosen Louis Antoine de Bougainville. Er machte auf seiner Südsee-Expedition von 1766 bis 1769 als erster Bekanntschaft mit dem bis dahin unbekannten und für Seefahrer gefährlichen Riff. Um 1770 lernte auch James Cook die Tücken der Great Barrier Reef kennen. Sein Segelschiff – die Endeavour – saß auf einem Riff fest und kam erst frei, nachdem er Kanonen, Ballast und überflüssigen Proviant über Bord werfen ließ. Den Namen „Great Barrier Reef" erhielt das Korallenriff von Matthew Flinders, der zu Beginn des 19. Jahrhunderts die Gewässer vor der Küste von Queensland kartierte.

Mit dem Great Barrier Reef verbindet man natürlich als erstes glasklares Wasser – mit Sichttiefen bis zu 60 Metern – farbenprächtige Korallen und eine Vielzahl an exotischen, bunten Fischen. Aber eigentlich sind seine enormen Ausmaße das Beeindruckendste. Mit einer Größe von rund 350.000 Quadratkilometern ist das Riff fast so groß wie Deutschland (356.978 Quadratkilometer). Somit ist es auch nicht weiter verwunderlich, dass das Great Barrier Reef sogar vom Mond aus noch zu bestaunen sein soll. Allerdings handelt es sich dabei nicht um eine unüberwindbare Barriere, wie es Anfang des 19. Jahrhunderts sein Namensgeber Matthew Flinders noch annahm. Das Riff besteht vielmehr aus fast 3000 Einzelriffen, die zusammen mit mehr als 700 Inseln den Gesamtkomplex bilden. Der überwiegende Teil des „Greatest living Thing of the World" reicht bis in 300 Meter Tiefe. Die unzähligen Inselchen liegen im sogenannten Barrier Reef Channel, einer 50 bis 100 Meter tiefen Lagune zwischen Festland und Riffsaum. Zu den Inseln gehören die Cays, die Koralleninseln. Sie bestehen aus gebrochenen Riff- und Korallenteilen, die von angeschwemmtem Sand bedeckt wurden. Diese echten Koralleninseln haben lediglich einen Durchmesser von wenigen hundert Metern und ragen meistens nicht höher als einen Meter über den Meeresspiegel.

Außerdem findet man im Korallenmeer auch noch bergige Festlandinseln. Diese Inseln befinden sich meistens in Küstennähe, ragen steil aus dem Meer empor und sind von Saumriffen mit Korallengärten umgeben.

Sie sind Überreste eines versunkenen Küstengebirges und bestehen daher aus festem Gestein. Obwohl sie nach der letzten Eiszeit durch Anstieg des Meeresspiegels und Absenkung des Festlandes vom diesem getrennt wurden, sind sie noch Teil des Kontinents. Während hier die Vegetation mit tropischen Regenwäldern sehr üppig ausfällt, sind die flachen Koralleninseln nahezu vegetationslos.

Die äußersten Bereiche des Great Barrier Reef – der Riffsaum – werden Outer Reef genannt. Hier bricht das Riff zum Pazifik hin bis in etwa 2000 Meter Tiefe steil ab. Die Entfernungen zwischen dem steilen Outer Reef und der Küste mit seinen flachen Saumriffen variieren. So trennen im nördlicheren Teil bei Cairns den äußeren Riffsaum und die Küste von Queensland nur 30 Kilometer, weiter südlich, in Mackay, sind es dagegen rund 370 Kilometer.

Die Ansicht aus dem Orbit zeigt, wie das Great Barrier Reef eine gewaltige Barriere vor der australischen Küste bildet (© NASA/GSFC/LaRC/JPL, MISR Team)

Riff-Baumeister: Korallenpolypen, Kalkskelette und Korallenstöcke

Man sieht es ihnen zwar auf den ersten Blick nicht an, aber die Riffe bestehen aus Abermilliarden winzigster Lebewesen – den Korallenpolypen. Sie sind die genialen Baumeister des Korallenriffs. Ihrem massenhaften Vorkommen ist es zu verdanken, dass das Great Barrier Reef neben dem tropischen Regenwald die weltweit artenreichste Region ist. Korallenpolypen sind wirbellose Organismen, die in der Regel nicht größer als zehn Millimeter werden. Sie bestehen aus einem sackförmigen Körper und einer Mundöffnung, die von Tentakeln umgeben ist. Die Organismen sind nachtaktiv und verbergen sich deshalb tagsüber in ihren Schutzröhrchen. Sobald die Dunkelheit hereinbricht, gehen sie auf Nahrungsfang. Dafür strecken sie die mit Nesselkapseln ausgestatteten Fangarme aus und fischen so ihr Hauptnahrungsmittel, das Plankton, aus dem Wasser.

Die meisten Korallen aber haben noch eine weitere Nahrungsquelle: ihre Mitbewohner. Denn sie leben in enger Symbiose mit einzelligen Algen, die Photosynthese treiben. Diese sogenannten Zooxanthellen produzieren mit Hilfe des Sonnenlichts Zucker und andere Nährstoffe, die den Korallen zugute kommen. Im Gegenzug bieten die Korallen ihnen eine sichere, geschützte Umgebung. Die meisten Steinkorallen sind von ihren Symbiosepartnern so abhängig, dass sie ohne ihre einzelligen Mitbewohner absterben. Übrig bleibt dann nur das kalkhaltige Skelett, das sie produzieren, indem sie gelöste Kalziumverbindungen aus dem Meerwasser aufnehmen und in Aragonit, ein Kalziumkarbonat, umwandeln.

Durch Knospung der Polypen vermehren sich die Tiere schnell und lassen eine Kolonie von vielen einzelnen Korallenpolypen entstehen – das Riff breitet sich immer weiter aus. Pro Jahr wachsen so die einzelnen Kalkskelette der Polypen-Kolonien um zwei bis fünf Zentimeter und verbinden sich zu Korallenstöcken. Diese sind dann wiederum Basis für neue Polypengenerationen, genauso wie die alten, abgestorbenen Korallenstöcke. Unterstützt und verfestigt werden diese „lebenden Felsen" durch Rotalgen, die ebenfalls Kalkskelette bilden können. So entsteht aus den Korallenstöcken mit der Zeit ein Riff, das langsam aber sicher in die Höhe wächst. Der Kern, der den Großteil des reich strukturierten Korallenriffes bildet, ist jedoch tot. Lediglich die obersten Schichten bestehen aus lebenden Korallen. Das Fundament stirbt im Laufe des Lebenszyklus des Great Barrier Reef immer wieder ab. Aber für Nachschub wird ständig gesorgt, denn neue Korallen wachsen auf den älteren Korallen heran und bauen das Riff immer weiter auf – Lage um Lage. So läuft der Kreislauf ununterbrochen weiter. Die Zerstörung einzelner Bereiche ist ebenfalls Teil des Lebenskreislaufes im Riff. Durch die Brandung werden Korallenbrocken sukzessive gelockert und schließlich von dem übrigen Korallenstock abgetrennt. Aber sobald diese Teile wieder woanders angespült werden, bilden sie die Basis für neue Korallenriffe.

Das Riffwachstum besteht allgemein aus drei Entwicklungsstufen: Da sind einmal die jungen Riffe, die noch so lange wachsen, bis sie die Wasseroberfläche erreicht haben. Dann gibt es die ausgewachsenen Riffe, die die Wasseroberfläche schon erreicht haben und in die bereits Sedimente eingeschwemmt werden. Und die letzte Gruppe sind die alten Riffe, die mit Sedimenten aufgefüllt worden sind und schon eine Koralleninsel gebildet haben. Milliarden von winzigen Meerestierchen ist es so über Millionen von Jahren gelungen, das größte jemals von lebenden Organismen geschaffene Bauwerk der Erde lediglich aus Kalksteingehäusen und -skeletten zu errichten.

Ganz schön anspruchsvoll – was Korallen brauchen

Damit Korallen sich richtig wohlfühlen, prachtvoll wachsen und somit optimale Lebensbedingungen haben, muss eine Reihe von Voraussetzungen erfüllt werden: Vor allem bei der Wassertemperatur sind die Korallenpolypen ziemlich empfindlich – je nach Art muss das Wasser zwischen 21 °C und 30 °C warm sein, optimal sind meist 25 °C. Zudem brauchen sie eine stabile Salzkonzentration zwischen 2,7 und 3,8 Prozent. Hinzu kommt, dass Korallen nur in flachem, klaren und lichtdurchfluteten Wasser wachsen können. Sie sind dabei auf Wassertiefen bis 20 Meter beschränkt, in sehr klarem Wasser können es auch mal 40 Meter werden. Denn in größere Tiefen fällt nicht mehr genügend Licht, um die Algen zu versorgen, mit denen die Korallenpolypen eine Symbiose eingegangen sind. Am üppigsten ist das Korallenwachstum in einer Wassertiefe zwischen vier und zehn Metern. Meeresabschnitte mit wenig trübendem Plankton und geringer Sedimentation werden dabei von den Korallen bevorzugt. Da Korallen festsitzende Organismen sind, können sie nicht weglaufen, wenn sie von Sand zugeschüttet werden. Die winzigen Polypen müssten in dem Fall ersticken, und das Riff absterben.

Diese Ansprüche der Korallen an ihre Umwelt haben sich seit Millionen von Jahren nicht geändert. Aber durch die starke Veränderung von Lage und Tiefe der Meere hat sich das Vorkommen von Korallenriffen verschoben. Ihre horizontale Verbreitung wird dabei in erster Linie von Wassertemperatur und Sedimentation bestimmt, während das Licht eher die vertikale Ausdehnung beeinflusst. Die enge Toleranzbreite der Korallen erklärt, warum weltweit nur ungefähr 0,2 Prozent der Meere von Korallenriffen eingenommen werden. Fast alle diese Riffe befinden sich zwischen 30 Grad nördlicher und 30 Grad südlicher Breite und sind damit charakteristisch für die tropischen Meere. Doch auch in diesen Zonen sind Unterschiede festzustellen. So sind Korallenriffe selten an den Westküsten der Kontinente zu finden, da hier die warmen Meeresströmungen fehlen.

Verschiedene Korallen bilden hier eine Auswölbung des Flynn-Riffs nahe Cairns (© Toby Hudson/CC-by-sa 3.0)

Was für Rifftypen gibt es?

Riff ist nicht gleich Riff, das stellte bereits 1842 Charles Darwin fest. Heute unterscheidet man vier Rifftypen – Barriere-Riffe, Saumriffe, Plattformriffe und Atolle. Der weltweit häufigste Rifftyp ist das Saumriff – ein schmaler Saum unmittelbar vor der Küste. Diese Riffe wachsen vom Festland aus so weit seewärts, bis das Meer ihnen zu tief wird. So kommt es, dass Saumriffe zwar viele Kilometer lang sind, aber höchstens 100 Meter breit. Zur küstenzugewandten Seite hin können durch Erosion Lagunen entstehen. Ein Beispiel für Saumriffe sind die Korallenriffe im Roten Meer. Barriere-Riffe liegen im Gegensatz zu Saumriffen weiter vom Festland entfernt und kommen auch nicht so häufig vor. Durch Senkung des Untergrundes oder Hebung des Meeresspiegels entstanden breite und tiefe Lagunen, die die Riffe vom Festland trennen. Das bekannteste Beispiel eines Barriere-Riffes ist das australische Great Barrier Reef, das aber strenggenommen eine Mischung aus verschiedenen Rifftypen ist.

Ein weiterer Rifftyp sind die sogenannten Plattformriffe. Ihre Entwicklung ist nicht an Landmassen gebunden und sie wachsen im Gegensatz zu Saum- und Barriereriffen nach allen Seiten und nicht nur seewärts. Ist ein Plattformriff erodiert, wird es Pseudoatoll genannt, da es kaum mehr von einem echten Atoll zu unterscheiden ist. Plattformriffe findet man beispielsweise auf der Maskarenenbank im Indischen Ozean. Atolle entstehen dagegen, wenn sich eine Vulkaninsel absenkt und gleichzeitig die auf ihr wachsenden Korallen höher werden. Bei solchen Atollen ist das Zentrum eine 30 bis 80 Meter tiefe Lagune, die von einem ringförmigen Korallenriff umschlossen wird. Die Lagune ist aber mindestens durch eine Passage mit dem offenen Meer verbunden. Die bekanntesten Atolle liegen in der Südsee und in der Region der Malediven.

So unterschiedlich die verschiedenen Rifftypen auch sind, so haben sie doch alle eine charakteristische Struktur. Lagunen mit Strand, das Riffdach sowie das flachere und das tiefere Vorriff sind dabei die wichtigsten Zonen eines Riffes. In allen Lebensräumen herrschen unterschiedliche Lebensbedingungen und jede Zone hat deshalb unterschiedliche Bewohner. Die Artenvielfalt und der Spezialisierungsgrad der Riffbevölkerung sind enorm und haben den Korallenriffen deshalb den Namen „Regenwälder des Meeres" eingebracht.

Die vom Festland aus gesehenen ersten Zonen eines Korallenriffes sind der Strand und die Lagune. Der Strand dient als Eiablageplatz der Meeresschildkröten und die Lagune bietet unter anderem verschiedensten Korallen, Schwämmen, Schnecken, Muscheln, Fischen und Meeresschildkröten einen Lebensraum. Das Riffdach ist der höchste Punkt eines Korallenriffes und liegt nur knapp unter dem Meeresspiegel. Brandung und Stürmen ist dieser Teil besonders stark ausgeliefert. Hier leben unter anderem Algen, Korallen und Seeigel. Läuft das Wasser ab, bleiben in den flachen Wasserlöchern Krabben, Würmer, kleine Fische, Schnecken und Schlangensterne zurück. Im flacheren Vorriff tummelt sich das meiste Leben. Hier ist die Sonneneinstrahlung besonders stark und so herrschen hier perfekte Lebensbedingungen für sämtliche Stein- und Weichkorallen. Dementsprechend stark sind sie, neben Schwämmen, unzähligen Fischen, Seesternen und Muscheln, in diesem Bereich auch vertreten. Je weiter das Korallenriff in die offene See hinausreicht und dementsprechend immer tiefer wird, desto mehr geht die Artenvielfalt zurück. Im tieferen Vorriff dominieren sogenannte Schwachlichtspezialisten, wie einige Steinkorallenarten, Hornkorallen und Schwarze Korallen. Außerdem können Riffhaie und Mantas hier vorbeischwimmen.

Von bizarren Korallen und bunten Fischen

Das Great Barrier Reef gleicht einem gigantischen Aquarium, in dem man vor exotischer Farbenpracht gar nicht weiß, wo man zuerst hingucken soll. Über 350 Korallenarten gibt es hier und dabei sind der Farben- und Formenvielfalt keine Grenzen gesetzt. Sie sehen aus wie gewaltige Türme, spitze Hirschgeweihe und gallertartige Riesengehirne. Oder sie wachsen zu verästelten Bäumen, dombildenden Strukturen und weiten Trichtern empor. Die im Great Barrier Reef am weitesten verbreiteten Korallenarten sind Baum-, Hirn-, Geweih-, Pilz- und Tischkorallen. Außerdem sind in dieser Unterwasserwunderwelt auch noch weiche Korallen zu Hause. Diese sondern aber nicht wie die riffbildenden Korallen Kalk ab, sondern sind pflanzenähnlicher und haben lederartige weiche

Skelette. Besonders prachtvoll sind die Korallen des Great Barrier Reef im November während der alljährlichen Korallenblüte.

Doch nicht nur bizarre Korallenkonstruktionen sind charakteristisch für das Great Barrier Reef. Tropische Fische in allen Nuancen des Farbspektrums gleiten durch das kristallklare Wasser. Die meisten Fische sind erstaunlich zutraulich und die enorme Artenvielfalt ist beeindruckend. Fast 2000 verschiedene Fischarten schwimmen hier durch die Korallenstöcke – das ist ein Zehntel aller bekannten Fische. Aus dieser Vielzahl ragen vor allem der Clownfisch und der Papageienfisch hervor, dem besonders die winzigen Korallenpolypen und ihre Kalkskelette schmecken – ohne größere Probleme kann er sie mit seinem Kiefer zerbrechen. Aber auch größere Fische, wie der gewaltige Zackenbarsch oder Riffhaie, ziehen hier ihre Runden.

Erwähnenswert ist auch noch der Rotfeuerfisch. Einer der schönsten Riffbewohner ist aber gleichzeitig auch einer der gefährlichsten. Taucher sollten ihm in einem gehörigen Abstand begegnen, denn sein Gift, das er mit den Stacheln seiner Rückenflossen verteilt, kann tödlich sein. Ein weiterer Bewohner der in zahlreichen Blau- und Grüntönen schimmernden Lagune ist die badewannengroße und bis zu 260 Kilogramm schwere Riesenmuschel (Mördermuschel), die fest zwischen den Korallenstöcken sitzt. Ansonsten beherbergt das Riff noch viele andere Meeresbewohner, darunter rund 10.000 Arten von Schwämmen, rund 4000 Arten von Weichtieren und 500 Seegrasarten und Krebstiere. Muscheln und Würmer sind hier ebenso zu Hause, wie Schnecken, Seeigel und Seesterne, die die Korallenstöcke abweiden. Und mit etwas Glück kann dem Besucher des Great Barrier Reef zwischen Oktober und April am Strand der ein oder anderen Insel die grüne Seeschildkröte beim Ablegen ihrer Eier begegnen.

Im Riff lauert Gefahr

Australien gilt als der giftigste Kontinent überhaupt und so stellt auch das Great Barrier Reef in dieser Hinsicht keine Ausnahme dar. Sein giftiges Repertoire reicht von Quallen über Fische und Schnecken bis hin zu Raubtieren wie Haien und Krokodilen. Zu den extrem gefährlichen Tierarten des Great Barrier Reef zählen die Seewespen. Diese

Im Riff lauert Gefahr

Würfelquallenart ist das giftigste Lebewesen des Meeres. Der nahezu durchsichtige und schwach blaue, bis zu 20 Zentimeter lange Körper sieht noch verhältnismäßig harmlos aus. Das eigentlich Gefährliche sind die bis zu drei Meter langen Tentakel des Tieres, die ein potentes Gift absondern und Schwimmern schmerzhafte und meistens sogar tödliche Verletzungen zufügen können. Ungefähr von Oktober bis Mai treiben die Quallen zu Tausenden vor der nördlichen Küste Australiens. Ganze Strandabschnitte sind in dieser Zeit gesperrt oder es werden „stinger resistant enclosures" – mit Netzen und Steinwällen abgesicherte Badestellen – eingerichtet.

Ein anderer hochgiftiger Meeresbewohner ist der Steinfisch. Durch seine graubraune Farbe und seinen stacheligen Rücken ist er gut getarnt, so dass er kaum von den abgestorbenen Korallenstöcken zu unterscheiden ist. Wie der Name schon sagt sieht er einem Stein zum Verwechseln ähnlich und das kann Riffspaziergängern zum Verhängnis werden. Tritt man aus Versehen auf ihn, kann das wegen seiner harten Rückenstacheln und seinen dort sitzenden Giftdrüsen sehr schmerzhaft werden. Aber nicht nur spazieren gehen ist am Great Barrier Reef gefährlich: Wer hier an den Stränden Muscheln und Schnecken sammelt, der muss sich vor den Kegelschnecken in Acht nehmen. Ihre Formen sind zwar wunderschön, doch ihr Innenleben kann tödlich sein. Das Tier, das in der Schnecke lebt, besitzt eine Giftharpune, die sie dem arglosen Opfer unter die Haut jagt.

Nicht giftig, aber dennoch gefährlich sind Haie. Die am Great Barrier Reef vorkommenden Haiarten gehören allerdings meistens zu den eher scheuen Schwarz- und Weißspitzenhaien. Angriffslustiger sind da schon die Tiger- und Hammerhaie, die aber, wie die meisten Haie, den Menschen erst angreifen, wenn sie sich in die Enge getrieben fühlen. Vor allem Surfer sind hierbei gefährdet, weil ihr Brett aus der Sicht des Haies ungünstigerweise wie eine ihrer Lieblingsspeisen – die Seehunde – aussieht. Nördlich des Wendekreises des Steinbocks in der Stadt Rockhampton ist der Küstenstreifen fest in der Hand eines anderen Raubtiers: des Krokodils. Besonders auf Hinchinbrook Island, einer der vielen Inseln im Great Barrier Reef, ist die Gefahr groß.

Klima, Stürme und Kahlfraß durch Seesterne

Das größte Lebewesen der Welt liegt im Sterben. Schuld daran sind mehrere Faktoren, die teilweise voneinander abhängig sind. Einer der schwerwiegendsten ist die zunehmende Erwärmung des Meerwassers. Bis vor einiger Zeit waren solche Warmzeiten eher die Ausnahme. Sie treten immer dann ein, wenn das Klimaphänomen El Nino alle paar Jahre den Pazifik großflächig erwärmt. Dabei können die Wassertemperaturen um bis zu fünf Grad von den Normalwerten abweichen. Für die anspruchsvollen und sensiblen Korallen bedeutet eine solche Veränderung ihrer Lebensbedingungen puren Stress. Als Folge wird die Symbiose zwischen Korallenpolypen und Algen empfindlich gestört. Die Algen fallen in eine Art Schockzustand und produzieren durch die Photosynthese keinen Zucker mehr wie normalerweise, sondern aggressive Moleküle. Daraufhin werden sie von den Korallenpolypen abgestoßen. Als Folge zerbricht die Symbiose, die Korallen verblassen und die Riffe sterben ab.

Diese Korallenbleiche nahm im Jahr 1998 dramatische Ausmaße an. Angeheizt durch einen außergewöhnlich starken El Nino breitete sich das Korallensterben über fast alle tropischen Meeresgebiete aus. Am Ende waren 70 Prozent der Malediven-Riffe, 75 Prozent der Seychellen-Riffe und die kenianischen Korallenriffe sogar zu 80 Prozent geschädigt. Vor der Küste des mittelamerikanischen Staates Belize starb sogar ein ganzes Korallenriff bis in große Tiefen vollständig ab. In 32 Ländern verloren die ehemals bunten Riffe ihre Farbe. Weltweit wurde ungefähr ein Sechstel aller Korallenriffe in nur neun Monaten zerstört. Während einige der beschädigten Riffe gute Chancen haben, sich langsam wieder zu erholen, wird die Hälfte der Riffe es vermutlich nicht mehr schaffen. Verschärft wird diese Situation durch die anhaltende Klimaerwärmung. Auch sie sorgt schleichend dafür, dass die Korallen unter Wärmestress geraten. Studien zeigen, dass schon bei zwei Grad Erwärmung bis zum Jahr 2050 etwa 95 Prozent aller Korallen weltweit schwer geschädigt sein könnten.

Auch für das Great Barrier Reef, bisher noch das größte Korallenriff der Welt, sagen Experten eine düstere Zukunft voraus. Ende 2012 zeigte eine Studie, dass das Riff in den letzten 27 Jahren bereits die Hälfte seiner Korallen verloren hat. Schuld an dem rapiden Rückgang der Korallen sind dabei drei Faktoren: Tropenstürme verursachten massive Schäden vor allem im Süden und in der Mitte des Riffs, sie sind der Erhebung nach für 48 Prozent des Rückgangs verantwortlich. Die vom Klimawandel geförderte Korallenbleiche schlägt mit rund zehn Prozent zu Buche. Der Rest geht auf das Konto eines natürlichen Feindes: der Dornenkronen-Seesterne. Bei diesem Vielfraß stehen die winzigen Korallenpolypen ganz oben auf dem Speiseplan. Der Seestern hat einen Durchmesser von bis zu 60 Zentimetern und ist mit Giftstacheln besetzt. Während er tagsüber den Schutz der Korallenstöcke sucht, überfällt er sie nachts hinterrücks. Dabei saugt er die riffbildenden Korallenpolypen aus ihren Kalkgehäusen und hinterlässt eine Spur der Verwüstung im Korallenriff. Die Ursachen für die Massenvermehrung der Dornenkronen-Seesterne sind bis heute nicht geklärt – wirksame Bekämpfungsmethoden noch nicht gefunden.

Frisst liebend gern Korallen: der Dornenkronen-Seestern (*Acanthaster planci*) (© NOAA/David Burdick)

„Die Geschwindigkeit, mit der die Korallen zurückgehen, hat sich in den letzten Jahren deutlich erhöht", sagen Glenn Death vom Australian Institute of Marine Science (AIMS) und seine Kollegen. Seit 2006 verliere das Riffgebiet pro Jahr 1,45 Prozent seiner Korallendecke – und damit deutlich mehr als nach früheren Erhebungen. Hinzu kommt, dass sich auch das Wachstum der Korallen verlangsamt hat. Seit 1990 hat die Rate, mit der Korallen neue Kalkskelette bilden, um 15 bis 20 Prozent abgenommen. Ursache dafür sei der Klimawandel und das durch diesen immer wärmer und saurer werdende Wasser. Das aber bedeute, dass sich die Korallenriffe auch wesentlich langsamer von Schäden erholen als früher. „Wir können die Stürme und die Erwärmung des Meeres nicht aufhalten", kommentiert der Leiter des Australian Institute of Marine Science, John Gunn. Aber wenn man wenigstens die Seesterne bekämpfe, könne dies den Korallen eine Chance geben. Denn die Studie zeige auch, dass sich die Korallen ohne diesen Fressfeind pro Jahr um 0,89 Prozent vermehren – vielleicht knapp ausreichend, um den ständigen Verlust durch Stürme und Klimawandel ausgleichen zu können.

Schleichende Vergiftung und mühsamer Wiederaufbau

Das Great Barrier Reef ist nicht nur durch mehr oder weniger natürliche Veränderungen gefährdet, sondern auch durch konkrete Eingriffe des Menschen in das sensible Ökosystem. Der Tourismus – Haupterwerbszweig im Great Barrier Reef – ist gleichzeitig auch eine der Hauptgefahren für das ökologische Gleichgewicht des großartigen Riffsystems. Immerhin 700.000 Urlauber pro Jahr wollen das sogenannte achte Weltwunder einmal mit eigenen Augen sehen – Tendenz steigend. Die meisten Touristen zerstören das Riff indirekt oder aus Unwissenheit, beispielsweise durch Abgase und Abfälle der Motorboote, mit denen die besten Tauchplätze angefahren werden. Auch achtlos ausgeworfene Schiffsanker oder ein unvorsichtiger Flossenschlag von Tauchern können das Riff beschädigen. Schwerwiegender werden die Folgen, wenn es Tauchern und Korallenfans nicht genügt, das Unterwasserparadies nur im Urlaub zu bewundern, sondern sie sich verbotene Souvenirs in Form von Korallen oder Fischen mit nach Hause nehmen.

Aber auch indirekt schädigt der Mensch das wertvolle Ökosystem: Ein Faktor sind dabei Einträge aus der australische Landwirtschaft, darunter vor allem Zuckerrohranbau-Plantagen und Rinderfarmen in Queensland. Jedes Jahr werden während der Monsunzeit große Mengen an Phosphatdünger und Pflanzenschutzmittel über die Flüsse in das Great Barrier Reef gespült. Dadurch werden die Riffe überdüngt und die Korallenstöcke langsam aber sicher vergiftet, und letztendlich sterben sie ab. Weitere Gefahren sind der chemisch belastete Abraum der Gold- und Kupferminen in Papua-Neuguinea und die geplante Förderung der im Great Barrier Reef vermuteten Ölvorkommen. Um das Great Barrier Reef besser vor äußeren Einflüssen zu schützen, verfasste die australische Regierung schon 1975 ein Gesetz zu seinem Schutz. 1981 wurde das einmalige Riffsystem und die angrenzenden Küstenbereiche dann in die World Heritage List der UNESCO aufgenommen. 1983 erklärte die Regierung schließlich den größten Teil des Great Barrier Reef zum Nationalpark.

Wenn aber trotz Schutzmaßnahmen Teile des Riffsystems zerstört werden, bleibt eigentlich nur noch eine Möglichkeit – die Rekonstruktion der Korallenriffe. Früher wurden häufig künstliche Riff-Ersatze wie Betonröhren, Autoreifen oder sogar Auto-, Straßenbahn-, Flugzeug- oder Schiffwracks verwendet. Diese Kombination aus Riffsanierung und Müllentsorgung war vor allem in Japan beliebt – 80 Prozent der Unterwasserlandschaft sind dort auf diese Weise „möbliert". Der Nachteil dabei ist, dass sich in diesen künstlichen Gebilden nicht alle rifftypischen Arten niederlassen können – von der Verschandelung der Unterwasserwelt einmal abgesehen. Inzwischen ist man von dieser Methode weitgehend wieder abgekommen, denn Forscher haben festgestellt, dass sich für die Riffsanierung wesentlich besser Konstruktionen aus Kalksteinen eignen. Sie sind dem natürlichen Riffmaterial besonders ähnlich. Bei einer anderen Methode wächst das künstliche Riff durch Strom an Drahtgeflechten, die sich optimal den Unebenheiten des Meeresbodens anpassen. Durch die an zwei Elektroden angelegte Gleichspannung werden an dem Gitternetz im Wasser gelöste Kalzium- und Magnesium-Ionen abgelagert und Mineralien gebildet. Auf der mineralischen Kruste lassen sich sehr schnell Meeresorganismen nieder, die im Laufe der Zeit über das künstliche Gerippe ein natürliches Kalkskelett bauen. Diese Art

Riffersatz wird schneller und von einer größeren Vielzahl an Lebewesen besiedelt als andere künstliche Riffe.

Schutz vor bösen Geistern und Wundermittel gegen fast alles

Korallenriffe sind jedoch nicht nur als Lebensraum und Touristenattraktion wertvoll und schützenswert – sie sind auch eine Ressource für die Medizin. Denn den Korallen wurden schon immer erstaunliche Schutz- und Heilfunktionen nachgesagt, weshalb Korallenstücke auch häufig in „magischen" Amuletten oder anderen Schmuckstücken wieder zu finden sind. Bereits im alten Ägypten waren Korallen als Grabbeigabe üblich, um die Toten auf dem Weg ins Jenseits vor bösen Geistern zu bewahren. Auch bei den Griechen galten Korallen als Wundermittel. Der griechische Arzt Dioskurides schrieb vor allem der Roten Edelkoralle besondere Heilwirkungen zu. So soll sie unter anderem zusammenziehend und gegen Blutauswurf gewirkt haben. Zur Zeit des Mittelalters wurden dann aus Edelkorallen Lebenselixiere, geheimnisvolle Abwehrmittel und Allheilmittel gemixt und gebraut. Im asiatischen Raum waren Korallen vor allem als Stärkungsmittel bekannt.

Auch heute noch gelten einige Wirkstoffe aus den Korallen als besonders wirksam, vor allem gegen Aids und Krebs. Forscher sind überzeugt, dass die winzigen Lebewesen in Millionen von Jahren natürliche chemische Waffen gegen alle möglichen Einflüsse entwickelt haben und unter anderem Zellen töten können. Kleinere Erfolge auf der Suche nach neuen Wirkstoffen im Great Barrier Reef gab es bereits: Australische Forscher entdeckten in Korallen ein natürliches Sonnenschutzmittel. Dieses schützt die von der Ebbe freigelegten Korallen vor dem Verbrennen in der aggressiven tropischen Sonne. Außerdem stellten Wissenschaftler bereits fest, dass das Gift einer besonderen Art der Kegelschnecke wirksam bei Gürtelrosen, Nervenverletzungen und neuropathologischen Tumoren ist. Manche dieser Gifte können allerdings für den Menschen auch tödlich sein.

Eine medizinische Meisterleistung ist britischen Ärzten gelungen. Sie spritzten Zellen eines Patienten in ein poröses Korallengerüst, das die ungefähre Form eines Daumenknochens hatte und bildeten so ein verlorenes Daumenglied nach. Bei einer Gewebeentnahme nach zehn Monaten bestand ein Großteil des Implantats immer noch aus Korallen, aber es hatte sich auch schon neuer Knochen gebildet. Der neue Daumen ist zwar nicht so stabil wie ein „richtiger" Daumen, aber diese Methode der Nachzüchtung von knochigen Gliedern und Implantaten ist vielversprechend.

Quallen – faszinierende Überlebenskünstler der Ozeane

10

Mirko Schommer

Zusammenfassung

Sie sind durchsichtig, glitschig und manchmal auch gefährlich: Fast jeder, der schon einmal im Urlaub ans Meer gefahren ist, hat mit Quallen seine eigenen Erfahrungen gemacht. Häufig stolpert man am Strand über die wenig ansehnlichen „Glibberhaufen" oder ekelt sich davor, wenn sie beim Schwimmen an einem vorbeistreifen. Schlimmstenfalls gerät man in Kontakt mit ihren oft meterlangen Fangarmen und zieht sich dabei schmerzhafte Verbrennungen zu. Doch Quallen können viel mehr als Angst und Schrecken zu verbreiten, denn sie sind ein Vorzeigeprodukt der Evolution. Seit mehr als einer halben Milliarde Jahre bevölkern sie die Weltmeere und gehören so zu den „Gründervätern" des höheren Lebens im Ozean. Die filigranen Meeresbewohner sind in den eiskalten Polargebieten genauso zuhause, wie in den tropischen Gewässern des Äquators. Sogar das Süßwasser haben sie erobert und zahlreiche Seen rund um den Globus besiedelt. Diesen „Siegeszug" verdanken die Quallen ihrer enormen Anpassungsfähigkeit. Denn die Überlebenskünstler sind zu so manchem Kunststück fähig ...

Die erstaunlichen Fähigkeiten der Quallen

Die faszinierende Schönheit der Quallen wird erst unter Wasser deutlich. Als Taucher sieht man die farbenprächtigen Tiere manchmal in gewaltigen Schwärmen an sich vorbei treiben und die pulsierenden scheibenförmigen Körper wirken wie unbekannte Wesen aus einer anderen

Welt. Beim Anblick der meterlangen Fangarme läuft einem ein Schauer über den Rücken, denn auch für Menschen sind die Tentakel einiger Quallenarten gefährlich. Doch so seltsam und geheimnisvoll sie uns auch erscheinen, die filigranen Tiere haben seit rund 600 Millionen Jahren einen festen Platz auf unserem Planeten. Und dies hat viele Gründe.

Einer davon ist sicherlich ihre Struktur, die zwar denkbar einfach ist, aber trotzdem effizient. Den Tieren fehlen Gehirn, Herz und Lunge, ihr Mund ist gleichzeitig ihr After und nur eine einzige Zellschicht kleidet nach außen die Körperoberfläche und im Inneren den Magenraum aus. Dazwischen liegt eine geleeartige Substanz, die hauptsächlich aus Wasser, Proteinen und Zucker besteht. Doch wie konnten die glitschigen Meeresbewohner ohne wichtige Organe so erfolgreich die Jahrmillionen überstehen? In den Quallen sind einige Besonderheiten verborgen, die wahre Meisterleistungen der Natur darstellen und den Tieren das Überleben sichern.

Der Schirm der im Pazifik verbreiteten Kompassqualle *Chrysaora fuscescens* kann einen Meter Durchmesser erreichen (© Anastasia Shesterinina/CC-by-sa 3.0)

Am bekanntesten sind die äußerst komplexen Nesselzellen, die von den Tieren zur Jagd und zur Feindabwehr genutzt werden. Sie sind überall auf der Haut der Tiere verteilt und treten vor allem an den Tentakeln verdichtet auf. Bei Berührung öffnen sich die ovalen, doppelwandigen Kapseln und ein im Inneren verborgener Faden wird explosionsartig herausgeschleudert. Der Faden besteht aus einem Dornenapparat, der blitzschnell in das Beutetier eindringt und das Opfer mit einem freigesetzten Nervengift tötet oder betäubt. Das Faszinierende an diesem Vorgang ist die Geschwindigkeit, mit der dies alles geschieht. Denn der Nesselfaden wird innerhalb von nur 700 Nanosekunden aus der Zelle herauskatapultiert, wie Thomas Holstein von der Universität Heidelberger im Jahr 2006 nachweisen konnte. Nach Angaben des Forschers ergibt sich daraus eine Beschleunigung von mehr als dem Fünfmillionenfachen der Erdanziehung, vergleichbar mit der Geschwindigkeit einer Gewehrkugel. Der Druck, der dafür in der Kapsel aufgebaut werden muss, ist etwa 150 Mal so hoch wie der der Erdatmosphäre. Genau an diesem Punkt setzt das Interesse auch von Materialforschern ein. Denn gelänge es, die Struktur der Zellwand zu entschlüsseln und nachzubauen, könnte man vielleicht einen neuen extrem reißfesten Stoff entwickeln, der vielseitig und sicher auch lukrativ einsetzbar wäre. Bislang steckt die Forschung daran allerdings noch in den Kinderschuhen.

Doch die Nesselzellen sind nicht die einzige Besonderheit der Jäger: Rotes Licht steht für Gefahr. Dies gilt nicht nur für unsere Straßenkreuzungen, sondern auch für die Tiefsee. Normalerweise. Aber bei Quallen ist das anders. Hier dient die Farbe Rot nicht als Warnsignal, sondern als Köder. Denn Quallen nutzen rotes Licht um Beutetiere, unter anderem Fische und Kleinkrebse, in die Falle zu locken. Biolumineszenz ist im Meer eigentlich nichts ungewöhnliches, die Farbe Rot allerdings schon. „Die Annahme, dass Rotlicht als Lockmittel fungiert, steht im Widerspruch zur vorherrschenden Meinung, Tiefsee-Organismen könnten kein langwelliges Licht wahrnehmen" erklärt der Meeresbiologe Steven Haddock vom Monterey Bay Aquarium Research Institute. Doch die Theorie ist aus seiner Sicht nur unzureichend belegt und die Staatsquallen der Gattung *Erenna*, die dem Wissenschaftler und seinem Team während einer Forschungsfahrt ins Netz gingen, scheinen sie eindeutig zu widerlegen. Denn bei der Untersuchung der gefangenen Exemplare stellte die Forschergruppe fest, dass die Seitenäste der Tentakel jeweils mit einem rötlich schimmernden Köpfchen bestückt sind. In diesem Anhang befinden sich biolumineszierende Proteine, die bei jungen Tieren blaugrüne Lichtsignale und bei ausgereiften Exemplaren rotes Licht ausstrahlen. Aufgrund der Fische in den Mägen der gefangenen Jäger vermuten die Biologen, dass Tiefseelebewesen doch auf langwelliges Licht reagieren. Das rhythmische Flackern des Leuchtkörpers unterstreicht nach ihrer Ansicht die Köder-Theorie, da es die Bewegung von Kleinstlebewesen zu imitieren scheint.

Doppelleben und anonymer Sex

In der Öffentlichkeit grußlos aneinander vorbeigehen, nach einem Treffen den fremden Parfümduft übertünchen, Handynummern und SMS aus dem Speicher löschen, jede kleinste Spur, die auf ein Doppelleben hindeuten könnte, verwischen: Ein „zweites" Leben ist für Menschen mit einer Fülle von Heimlichkeiten, einem hohen Stressfaktor und sicher bei den meisten auch mit einem schlechten Gewissen verbunden. Bei Quallen sieht das ganz anders aus. Denn sie haben von Natur aus eine zweite Identität und brauchen sich für diese auch nicht zu schämen. Der uns allen bekannte, frei im Wasser schwebende gallertartige Körper einer Qualle ist nur eine Erscheinungsform der „Glibberwesen", die sogenannte Medusen-Generation. Daneben gibt es noch einen weiteren Lebenszyklus, indem die Qualle als Polyp existiert. Während sich Medusen geschlechtlich fortpflanzen können, ist die Polypengeneration dazu nicht fähig. Das heißt erstere haben Sex, letztere nicht.

Am Anfang gingen Zoologen sogar davon aus, dass es sich bei den beiden Formen um unterschiedliche Tiere handelt und nicht um eine einzige Art in verschiedenen Abschnitten ihres Lebens. Doch mittlerweile weiß man, dass Quallen sich auf eine bis heute noch wenig erforschte Weise vom sesshaften Polypen zur freischwimmenden Meduse verwandeln. Dieses Doppelleben sorgte lange Zeit für Verwirrung unter den Wissenschaftlern und auch heute geben manche Quallen den Forschern noch Rätsel auf. Denn der Generationswechsel erschwert die Klassifikation und bislang kann man noch nicht alle Medusen den richtigen Polypen zuordnen. Und wie immer bestätigt die Ausnahme die Regel: Bei manchen Quallenarten wurde die Polypengeneration im Laufe der

Evolution gestrichen und es gibt bei ihnen nur die freischwimmenden Medusen.

Wie aber läuft der Generationswechsel genau ab? Und wie wird aus einem Polypen ein „Freischwimmer"? In ihrem ungeschlechtlichen Leben sitzen die Quallen als winzige bäumchenförmige Polypen auf Felsen und Steinen am küstennahen Ozeanboden. Dort sind sie fest verankert und ernähren sich mit Hilfe ihrer Tentakel von vorbeischwimmenden Kleinkrebsen und anderem Plankton. Im Frühjahr und Sommer, wenn sich das Wasser genügend erwärmt hat und die millimetergroßen Geschöpfe gut im Futter stehen, schnüren die Polypen bis zu zwanzig scheibenförmige Larven von ihren Körpern ab, aus denen die Medusen entstehen. Diese sind nun zur sexuellen Fortpflanzung fähig, doch ist der geschlechtliche Akt bei den meisten Quallen ziemlich unspektakulär. Die Tiere bevorzugen „anonymen" Sex ohne Körperkontakt. Dafür gibt das Weibchen ihre Eier einfach ins Wasser ab und das Männchen folgt ihrem Beispiel mit seinem Samen. Die Befruchtung erfolgt dabei mehr oder weniger zufällig im Meer oder bei einigen Arten in der wasserdurchspülten Bauchhöhle des Weibchens, wo sich dann aus den Eiern erneut Polypen entwickeln. Diese treiben solange umher, bis sie einen geeigneten Haftgrund zum Anwachsen gefunden haben.

Doch auch beim recht langweilig anmutenden Sexleben der Quallen gibt es Ausnahmen. Die Männchen der Würfelqualle *Tripedalia cystophora* beispielsweise kann man im Vergleich zu Quallenmännchen anderer Arten getrost als „Gigolos" bezeichnen. Denn sobald die paarungsbereiten Tiere ein passendes Weibchen gefunden haben, verhaken sie sich mit ihren Tentakeln an diesem und verfallen in rhythmische Bewegungen. Bei diesem Paarungstanz heftet der Quallen-Mann seine in kleine klebrige Behälter verpackten Samen per Mundrohr an die Tentakel seiner Auserwählten. Während das Männchen nach erfüllter Mission bereits wieder von dannen zieht, transportiert das Weibchen sein „Geschenk" in ihren Magen und entpackt es dort. Bereits nach zwei bis drei Tagen schlüpfen dann Larven aus den befruchteten Eiern.

Die Unsterblichkeit der Qualle

Quallen sind wahre Überlebenskünstler. Um lange Hungerperioden zu überstehen, können sie ihr Körpergewicht um bis zu 99 Prozent reduzieren und im Notfall sogar ihre eigenen Geschlechtsorgane verspeisen. Selbst im sauerstoffarmen Wasser überleben die Tiere bis zu zwei Stunden, da sich im Gel ihres Körpers luftgefüllte Hohlräume befinden, aus denen bei Bedarf Reserven des lebenswichtigen Gases extrahiert werden. Und als wäre dies alles noch nicht genug, fanden Wissenschaftler heraus, dass manche Quallen praktisch unsterblich sind.

Doch kann ein Lebewesen wirklich ewig leben? Was lange Zeit als unmöglich galt, scheint bei der Mittelmeerqualle *Turritopsos nutricula* zum Alltag zu gehören. Denn wie der Meeresbiologe Ferdinand Boero von der Universität Lecce feststellte, hat diese Art einen bislang einzigartigen Weg gefunden, um ihrem natürlichen Ende zu entgehen. Denn sobald die Qualle in die Jahre kommt und die Zellen ihre Aufgaben nicht mehr optimal erfüllen, führt sie eine Verjüngungskur durch. Dafür sinkt sie zu Boden und regeneriert sich dort. Die Zellen verlieren ihre bislang ausgeübte Funktion, zum Beispiel als Nerven- oder Nesselzellen, und werden in ihr Ausgangsstadium, in undifferenzierte Stammzellen zurückgeführt. Wie in ihrer frühsten Kindheit besteht die Qualle daraufhin wieder aus lauter multipotenten Einheiten, die sich neu spezialisieren können. Wenn alles ideal läuft, die Qualle also weder gefressen noch an Land gespült wird, kann sie nach heutigen Erkenntnissen daher ewig leben.

Thomas Holstein versucht einem ähnlichen Geheimnis auf die Spur zu kommen. Der Heidelberger Molekularbiologe hat dazu Polypen untersucht, eine frühe, festsitzende Entwicklungsstufe der Quallen, aus der sich die frei schwebenden Medusen entwickeln. Dabei stellte er fest, dass die Winzlinge sich so gut regenerieren, dass sie ebenfalls als unsterblich gelten können. Nachdem der Forscher eines der Lebewesen unter dem Mikroskop in Stücke schnitt, entwickelten sich aus den einzelnen Teilen schon bald neue Polypen. Gelingt es den Forschern diesen komplexen Vorgang irgendwann zu entschlüsseln, böte sich vielleicht eine Chance die Humanmedizin zu revolutionieren. Denn vielleicht ist es möglich, die Regenerationsgene der Tiere auch beim Menschen zu nutzen, um erneuernde Prozesse im Körper einzuleiten. „Wir erwarten nicht, dass wir hier die Finger zur Regeneration bringen können, aber ein ganz wichtiges Beispiel ist das Nervensystem, zum Beispiel bei der Alzheimer Erkrankung" erläutert der Wissenschaftler. Von einem Elixier für das ewige Leben, das aus Quallen gewonnen wird, kann aber keine Rede sein. Selbst wenn die Wissenschaftler den genetischen Code knacken, wäre eine Übertragung dieses Prinzips auf den Menschen wohl undenkbar.

Massenvermehrung und ihre Folgen

Der quallenartige Tiefseeorganismus Yrr, der in Frank Schätzings Bestseller „Der Schwarm" einen Feldzug gegen die Menschheit beginnt, ist zwar fiktiv, aber viele seiner Eigenschaften wurden bei den echten Quallen abgeschaut. Beispielsweise bestehen sowohl die echten Meeresbewohner als auch Schätzings Wesen aus einer gallertartigen Masse, die sich an Land schnell zersetzen kann. Beide besitzen außerdem die Fähigkeit der Biolumineszenz und was besonders faszinierend ist: Bei den Staatsquallen können sich mehrere Individuen zu einem einzigen großen Organismus zusammenschließen – ungefähr so, wie es bei den Yrr der Fall ist. Und es gibt noch eine Parallele: Quallen werden im Buch und in der Realität vielerorts zu einer Qual.

Einige Quallenarten können dem Menschen sogar richtig gefährlich werden. Neben der Australischen Seewespe, derentwegen in Australien sogar Sicherheitsnetze im Meer angebracht werden, ist dies vor allem die Portugiesische Galeere, die in den tropischen Regionen des Atlantiks beheimatet ist. Die Quallenarten in unseren Breiten besitzen dagegen keine starken Giftstoffe und der Kontakt mit ihnen führt höchstens zu leichten Vernesselungen. Doch auch diese eher harmlosen Vertreter können zu einer Plage werden, sobald sie in Massen auftreten. Genau dies passiert in letzter Zeit immer häufiger, allerdings ist die Ursache dafür noch nicht eindeutig geklärt. Vermutlich ist die Massenvermehrung auf eine Anreicherung des Planktons zurückzuführen, der Hauptnahrung der Quallen. Die kleinen Organismen profitieren vom erhöhten Nährstoffeintrag in die Ozeane und von einer Überfischung, die ihre Fressfeinde dauerhaft reduziert.

Von ernsthaften Problemen mit Quallen kann beispielsweise manch ein norwegischer Fischer ein Lied singen. Am Lurefjord fahren die Männer bei Wind und Wetter in ihren Booten auf den grauen Meeresarm hinaus, um sich mit einem guten Fang ihren Lebensunterhalt zu verdienen. Doch wenn sie heutzutage ihre Schleppnetze einholen, ziehen sie meist nur tonnenweise Quallen statt schmackhafter Fische und Krebse aus dem Wasser. Denn im Lurefjord haben sich die Nesseltiere dermaßen stark vermehrt, dass sie längst das ökologische Gleichgewicht ins Wanken bringen. Die Qualle *Periphylla periphylla* vertilgt dort unzählige Jungfische und Fischeier und hat so den Fischbestand im Meeresarm so gut wie ausgerottet. Unklar ist noch, warum der Quallenbestand stabil ist, obwohl die Nahrungsgrundlage der Räuber langsam zur Neige geht. Forscher vermuten, dass die Qualle kurzfristig auf andere Nahrung umsteigt oder einfach wochenlang hungert. Den norwegischen Fischern nutzt eine solche Erkenntnis freilich wenig.

Doch solche Quallenepidemien gibt es nicht nur in Norwegen, sondern auch anderswo. So hat in weiten Teilen des Schwarzen Meeres eine nahe Verwandte der norwegischen Quallen bereits die Herrschaft übernommen und auch in der Kieler Bucht wirkt sich die Quallenpopulation auf die Fischbestände aus. Hier wildern die Jungmedusen der Ohrenqualle jährlich die schlüpfende Heringsbrut. Dabei endet in manchen Jahren fast die Hälfte aller Jungheringe als Quallenfutter – sehr zum Leidwesen der Fischer. Nicht nur die Fischereiwirtschaft krankt mancherorts unter der „qualligen" Massenvermehrung, auch Schifffahrt, Industrieanlagen und Kraftwerke werden immer häufiger in Mitleidenschaft gezogen. So staunten die Arbeiter des japanischen Atomkraftwerks Hamaoka im Jahr 2006 vermutlich nicht schlecht, als Quallen den Betrieb der empfindlichen Anlagen störten. Die Produktion musste deutlich heruntergefahren werden, da die „Glibberwesen" Filter und Leitungen des Kühlwassersystems blockierten. Ein Jahr zuvor nahm man den schwedischen Reaktor Oskarshamn aus demselben Grund sogar vollständig vom Netz.

Ohrenquallen kommen nahezu weltweit vor – auch bei uns (© Anna Fiolek/NOAA)

Die Seewespe und ihre traurige Berühmtheit

Die „mordende Hand", das ist nicht etwa ein Charakter aus einer Frankenstein-Verfilmung oder ein Mitglied der Addams Family, sondern die aus dem lateinischen übersetzte Bezeichnung einer ungewöhnlichen Quallenart. Die Seewespe, so der deutsche Name von *Chironex fleckeri*, ist eine richtige Berühmtheit unter den Nesseltieren. Schon so manche Negativ-Schlagzeile handelte von ihr und fast jeder hat den Namen des Tieres schon einmal gehört. Der Grund für ihre Bekanntheit liegt in der Gefahr, die von ihr ausgeht, denn die kleine Qualle gehört zu den giftigsten Tieren der Welt. Jährlich werden weltweit bis zu 70 Todesfälle gemeldet, die auf das fast durchsichtige Wesen zurückzuführen sind. Hinzu kommen unzählige leichtere Unfälle, allein in Australien bis zu 20.000.

Doch warum ist die Seewespe gefährlicher als zum Beispiel Haie, deren Angriffe weltweit „nur" fünf bis zehn Todesopfer im Jahr fordern? Die Qualle ist eine Meisterin der chemischen Kriegsführung. Bereits anderthalb tausendstel Gramm ihres Toxins reichen aus, um einen erwachsenen Menschen zu töten. Insgesamt trägt das Nesseltier soviel Nervengift in ihrem Körper, das sie 250 Personen den Tod bringen könnte. Gerät man in Kontakt mit den giftigen Nesselzellen, so breitet sich das Toxin mit dem Blut im ganzen Körper aus und führt beim Opfer innerhalb weniger Minuten zu Lähmungen der Muskulatur, der Atmung oder des Herzens. Viele Schwimmer, die die Qualle im Meer angreift, schaffen es deshalb nicht mehr ans Ufer und können nur noch tot geborgen werden. Dabei steht der Mensch normalerweise gar nicht auf ihrer Beuteliste und die Unfälle passieren eher zufällig. Denn das Tier hat sich eigentlich auf die Fischjagd spezialisiert. Damit die flinke Beute nicht entkommen kann, muss sie diese direkt beim ersten Kontakt bewegungsunfähig machen.

Das unglaublich effektive Gift ist nicht die einzige Besonderheit der Qualle, denn die Seewespe bietet eine ganze Reihe an Superlativen. Wie alle Arten der Würfelquallen, ist auch *Chironex fleckeri* eine gute Schwimmerin und gehört dabei sogar zu den Schnellsten unter den Hohltieren. Der Schirm kann sich durch kräftige Muskeln mehrmals in der Sekunde zusammenziehen und das Tier nach dem Rückstoßprinzip fortbewegen. Dadurch erreicht die Qualle Geschwindigkeiten von bis zu neun Kilometern in der Stunde und schwimmt so zumindest schneller als jeder Mensch. Der US-amerikanische Rekordhalter Tom Jager jedenfalls erreichte beim aktuellen Weltrekord über 50 Meter Freistil „nur" gut acht Kilometer pro Stunde.

Doch das ist noch längst nicht alles. Mit ihren 24 Sehorganen verfügt die Seewespe über eine erstaunlich komplexe visuelle Wahrnehmung, wie sie sonst meist nur bei höheren Tieren zu finden ist. 16 von diesen sind dabei sogenannte Pigmentgruben, die nur die Fähigkeit besitzen hell und dunkel zu unterscheiden. Die restlichen acht Augen haben es aber in sich. Sie besitzen winzige, hoch entwickelte Linsen, die ein sehr scharfes Bild ohne Farbfehler liefern. Das eigentlich notwendige Gehirn, um diese komplexen Informationen zu verarbeiten, fehlt der Qualle allerdings. Die Tiere verarbeiten die visuellen Reize deshalb direkt in ihrem Nervensystem. Forscher vermuten, dass jedes Sehorgan eine festgelegte

Funktion hat, die nur zu einer einzigen speziellen Reaktion führt und so eine zentrale Verarbeitung unnötig macht.

Portugiesische Galeeren: Gemeinsam sind sie stark

„Einer für alle, alle für einen". Dies ist nicht nur der Wahlspruch der drei Musketiere, sondern passt auch hervorragend zu einer Portugiesischen Galeere (*Physalia physalis*). Denn diese Qualle ist nie allein. Auch wenn der Name nach einem einzigen Tier klingt, trifft dies hier nicht ganz den Kern der Sache. Die Meeresbewohnerin besteht aus einer Vielzahl von Individuen, die alle miteinander verbunden sind. Die Portugiesische Galeere gehört zu der rund 150 Arten starken Gruppe der Staatsquallen. Das besondere an diesen Tieren ist eine Eigenschaft, die man ansonsten nur von wesentlich höher entwickelten sozialen Insekten kennt, wie zum Beispiel von Ameisen oder Bienen. Denn Staatsquallen sind im Laufe der Evolution zu Staatenbildnern geworden. Unzählige kleine Einzellebewesen, so genannte Polypen, schließen sich zu einem Verband zusammen und teilen die im Leben einer Qualle anfallenden Arbeiten gerecht unter sich auf.

Die einzelnen Individuen an Bord der Galeere sind dermaßen spezialisiert und aufeinander abgestimmt, dass man den Eindruck hat, es handelt sich nur um die verschiedenen Organe eines einzigen Tieres und nicht um zahlreiche Organismen die „Job-Sharing" betreiben. Jeder übernimmt im großen Verbund eine spezielle Funktion, von der alle anderen Polypen profitieren. Dem auffälligsten der Polypen verdankt die Qualle ihren Namen. Er bildet das „Segel" aus, das die Hochseebewohnerin wie das gleichnamige mittelalterliche Kriegsschiff über die Ozeane treiben lässt. Dabei handelt es sich um einen bläulich schimmernden, bis 30 Zentimeter großen Luftsack, der mit Kohlendioxid und Stickstoff gefüllt ist. Die Gasblase sorgt für den nötigen Auftrieb der Qualle und ermöglicht ihr die Fortbewegung mit Hilfe des Windes. Forscher vermuten zudem, dass die Portugiesische Galeere durch einen auf die Lufthülle aufgesetzten Kamm navigieren kann. Dieser wird durch Muskeln bewegt und verändert so die aerodynamischen Eigenschaften der Qualle.

Es gibt aber auch „Fangpolypen", die nur darauf aus sind, Beutetiere für das Kollektiv zu jagen. Zu diesem Zweck bilden sie bis zu 50 Meter lange Tentakel aus, an denen sich pro Zentimeter rund 1000 giftige Nesselkapseln befinden. Ist ihnen ein Fisch oder Krebs in die Fangarme geraten, holen sie diese langen Schnüre ein und übergeben das Opfer so an den Mund der Kolonie. Dort übernehmen extra für diese Aufgabe installierte Individuen die Verdauung und anschließende Verteilung der Nahrung an den gesamten Organismus. Außerdem gibt es Geschlechtspolypen, die ausschließlich für die Fortpflanzung zuständig sind, Polypen die der Feindabwehr dienen und viele weitere mehr.

Doch selbst die stärkste Kolonie hat ihre Feinde. Denn auch wenn die Portugiesische Galeere über ein wirkungsvolles Gift verfügt, gibt es einige Tiere, die sich davon nicht beeindrucken lassen und sogar vom glibberigen Jäger profitieren. Der Quallenfisch zum Beispiel ist weitgehend gegen das Gift immun und verbirgt sich zum Schutz vor anderen Fressfeinden sogar in den giftigen Tentakeln der Galeere. Wenn sich nichts anderes findet, knabbert er sogar gelegentlich an den Fangarmen. Nur in Ausnahmefällen scheint seine Immunität nicht zu greifen und *Nomeus gronovi* wird selbst zum Opfer. Verschiedene Schildkröten und Schnecken haben sogar die ganze Qualle zum Fressen gern. Auf ihrem Speiseplan steht die ungewöhnliche Meeresbewohnerin an erster Stelle. Und die Nacktschnecke *Glaucus* lebt nicht nur von der Portugiesischen Galeere, sondern sie verleibt sich die giftigen Nesselkapseln der Qualle sogar zum Selbstschutz ein. Um sich ihrem Opfer nähern zu können, sondern die Schnecken eine Schleimschicht ab, die sie sicher vor den Tentakeln und den Nesselzellen schützt.

Meereis – wimmelndes Leben in salzigen Kanälen

11

Roman Jowanowitsch

Zusammenfassung

Enge Röhren, ständig Temperaturen unter dem Gefrierpunkt, salzige Umgebung und langandauernde Dunkelheit: das Meereis der Polargebiete ist wohl einer der unwirtlichsten Lebensräume, die man sich vorstellen kann. Trotzdem besiedeln unzählige Organismen das Innere und die Unterseite des Packeises. Dabei sind es nicht die großen Tiere, die im Mittelpunkt stehen, sondern Bakterien, Algen, Einzeller und andere niedere Tiere, die sich den Bedingungen angepasst und diesen Lebensraum besiedelt haben. Nicht nur für seine Bewohner hat das Meereis eine wichtige Bedeutung, auch für das Klima der Polarregionen spielt es eine große Rolle.

Von Körnchen und Pfannkuchen – wie entsteht Meereis?

Im Gegensatz zum Eis der Gletscher ist das Meereis extrem wandelbar. Denn wie viel Meeresfläche in den Polargebieten von Eis bedeckt ist, schwankt je nach Jahreszeit. Im Nordpolarmeer, einem tiefen Ozeanbecken zwischen Sibirien und Nordamerika, liegen im arktischen Winter bis zu 14 Millionen Quadratkilometer des Meeres unter einer Eisdecke. Im Sommer dagegen schrumpft diese Fläche beträchtlich. In den letzten Jahren blieben vom Meereis meist nur vier bis fünf Millionen Quadratkilometer übrig. Weite Gebiete, die früher auch im Sommer vereist waren, sind heute offenes Wasser. Ähnlich stark schwankt die Eisbedeckung auch im Südpolarmeer. Wenn der antarktische Herbst einsetzt, gefriert das Meer dort mit einer atemberaubenden Geschwindigkeit. Jede Minute verwandeln sich dann fast sechs Quadratkilometer Meeresfläche in Eis. Im September, gegen Ende des Winters auf der Südhalbkugel, bedeckt der Eisgürtel 20 Millionen Quadratkilometer, doppelt so viel wie die Fläche der USA. Die Dicke des antarktischen Meereises beträgt durchschnittlich einen Meter, wobei das Schelfeis an den Rändern des Kontinents viel dicker werden kann. Im Nordpolarmeer kann das Packeis, zusammengetrieben von Wind und Strömungen, dagegen Mächtigkeiten von mehreren Metern erreichen. Aber Meereis ist keine Domäne der Polargebiete: Selbst in der Ostsee und im Ochotskischen Meer an der Ostküste Sibiriens kann die Meeresoberfläche im Winter gefrieren.

Das Meer friert dabei nicht einfach so zu wie ein See auf dem Festland. Da Meerwasser mit bis zu 39 Promille relativ viel Salz enthält, geschieht dies in einem komplizierten Vorgang, der die besonderen Eigenschaften des Meereises entstehen lässt. Im Gegensatz zu Süßwasser beginnt Meerwasser bedingt durch seinen Salzgehalt erst bei minus 1,8 Grad Celsius zu gefrieren. Dabei bilden sich zunächst kleine Eiskristalle. Das Eis hat eine geringere Dichte als Wasser, daher steigen die Kristalle auf und sammeln sich an der Oberfläche, wo sie verklumpen. Dieses Stadium der Eisbildung nennt man Körncheneis. Die kleinen Eisklümpchen, die an der Oberfläche treiben, werden durch Wind und Wellengang gegeneinander geschoben und auf diese Weise verdichtet. Dabei bilden sich größere, dünne Eisflächen, die als Pfannkucheneis bezeichnet werden. Diese tellerartigen Eisplatten können Durchmesser bis zu mehreren Dezimetern haben. Im Laufe der Zeit verwachsen diese Platten miteinander und bilden dann Eisschollen, die auf bis zu einige Meter Durchmesser anwachsen können. Zusätzlich werden die Schollen bei Wind und Seegang übereinander geschoben.

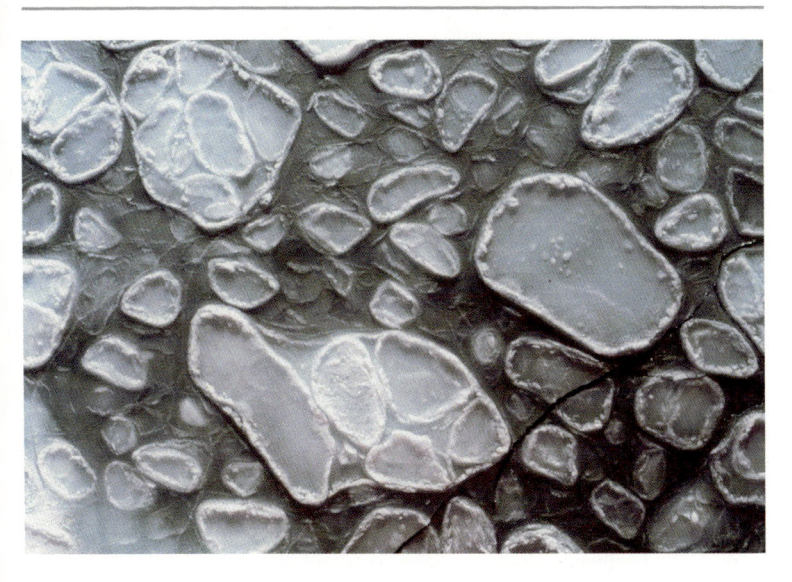

Von Körnchen und Pfannkuchen – wie entsteht Meereis?

Typisches Pfannkucheneis, hier in der Antarktis (© Michael van Woert/NOAA))

Während des Gefriervorgangs erstarren nur die Wassermoleküle zu Eis, das Salz bleibt außen vor und reichert sich in der verbleibenden Flüssigkeit an. Dadurch bilden sich im Süßwassereis unzählige kleine Kanäle und Taschen, in denen sich das zurückbleibende Salzwasser ansammelt und dabei immer weiter konzentriert wird. Die Größe der Kanäle kann dabei von nicht einmal einem Millimeter bis zu einigen Zentimetern reichen. In diesen Salzlaugenkanälen entsteht so eine konzentrierte Sole, die einen viel höheren Salzgehalt als normales Meerwasser hat. Im Lauf der Zeit bildet sich innerhalb des Meereises ein weit verzweigtes System dieser Kanäle und Hohlräume, das einer Vielzahl von Organismen als Lebensraum dient. Damit ähnelt Meereis also weniger einem massiven Eisblock als vielmehr einem porösen Schwamm.

Hat die Eisschicht auf dem Meer erst einmal eine gewisse Dicke erreicht, verlangsamt sich der Gefriervorgang. Das Eis wächst nun langsam in Form von säulenförmigen Kristallen nach unten, es kommt zur Bildung von sogenanntem Säuleneis. Auch hierbei wird das salzhaltige Wasser verdrängt, da es schwerer ist, sinkt es nach unten ab. Nach und nach kommt es so zu einer Aussüßung des Eises, so dass der Gesamtsalzgehalt des Meereises allmählich immer geringer wird, die Salzkonzentration in den Laugenkanälen allerdings steigt.

Lebenswelt im Eis

Im Meereis – und vor allem in seinen winzigen Laugenkanälchen – wimmelt es nur so von Lebewesen. Ein Großteil von ihnen sind einzellige Algen. Will man festzustellen, wie viele es davon gibt, ist das direkte Zählen viel zu aufwändig. Wissenschaftler behelfen sich daher mit einem Trick: Sie bestimmen einfach den Chlorophyllgehalt des Meereises als Ganzem. Dabei kommen sie zu ganz erstaunlichen Ergebnissen: Im Sommer werden im Meereis Werte von über 2000 Milligramm Chlorophyll pro Kubikmeter gemessen. Das ist höchst außergewöhnlich, denn das freie Wasser des Polarmeeres erreicht nie höhere Werte als 15 Milligramm. Und selbst die Nordsee, die eine viel höhere Produktivität besitzt als das Polarmeer, hat im Sommer einen 40-Mal geringeren Chlorophyllgehalt als das Meereis. Wie gelangen die Organismen in einer derart hohen Konzentration ins Eis?

Dazu haben die Forscher verschiedene Vermutungen entwickelt. Es könnte sein, dass die Kleinlebewesen beim Gefriervorgang von den aufsteigenden Eiskristallen mit zur Wasseroberfläche transportiert werden. Sie sammeln sich dann im Körncheneis, werden in die entstehende Eisdecke eingeschlossen und reichern sich so an. Eine andere Möglichkeit wäre, dass die Lebewesen selbst als Kristallisationskeime dienen. Um sie herum bilden sich dann Eiskristalle und tragen die Organismen nach oben zur Wasseroberfläche. Durch Wellenbewegungen können Pflanzen und Tiere auch aktiv im Eisbrei an der Wasseroberfläche angereichert werden. Wenn eine Welle Wasser – und mit ihm auch zahlreiche Organismen – von unten in das Körncheneis drückt, bleiben zahlreiche Organismen im porösen, schwammartigen Eis hängen oder können sich dort festhalten. Auf diese Weise trägt jede Welle neue Lebewesen in den Eisbrei hinein. Für diese These spricht die Tatsache, dass sich auch Sedimente – im Gegensatz zu Lebewesen passive Teilchen – im Eisbrei an der Wasseroberfläche ansammeln können. Durch diese Anreicherungsmechanismen findet man im Meereis hauptsächlich Organismen, die in anderen Meeren Hauptbestandteil des Planktons sind. Sie werden quasi aus dem freien Wasser herausgekehrt.

Wird das Eis an der Wasseroberfläche dagegen dicker, kehrt sich der Aufwärtstrend um: Jetzt reichern sich die Lebewesen zunehmend in den unteren Regionen des Eises an. Denn sie brauchen Nährstoffe zum Überleben, und die kommen bei einem eisbedecktem Ozean vorwiegend von unten. Die unterste Eisschicht wird durch den Kontakt mit dem darunterliegenden Wasser immer mit den notwendigen Stoffen versorgt. Auf der Oberfläche des Eises gibt es hingegen kaum Leben. Hier sind die Organismen ungeschützt der UV-Strahlung der Sonne ausgesetzt, außerdem gibt es hier kaum Salz, da die Schmelzwassertümpel nahezu Süßwasser enthalten. Ein Großteil der Organismen lebt nicht nur im Eis, sondern kann sich auch darin vermehren. Es gibt jedoch einige Spezies, die zur Fortpflanzung wieder das freie Wasser aufsuchen müssen. Sie werden durch die Eisschmelze im Sommer freigesetzt und gelangen nach der Vermehrung wieder durch einen der Anreicherungsmechanismen ins Eis zurück.

Kalt, dunkel und salzig – die Lebensbedingungen

Kaum ein Lebensraum bietet seinen Bewohnern so umweltfeindliche Bedingungen wie das Meereis. Trotzdem haben es nicht wenige Organismen geschafft, dieses unwirtliche Reich für sich zu entdecken und zu besiedeln. Die meisten von ihnen sind niedere Tiere und Pflanzen, die sich an die Bedingungen adaptiert haben.

Ein wichtiger Umweltfaktor im Eis ist die Kälte. Meerwasser gefriert erst bei minus 1,8 Grad Celsius, und in den oberen Eisschichten können die Temperaturen im Winter bis auf minus zehn Grad absinken. Die Eisbewohner sind daher während der meisten Zeit dem Frost ausgesetzt. Das größte Problem ist daher, wie sie das Innere ihrer Zellen vor einer zerstörerischen Eisbildung schützen. Bilden sich innerhalb einer Zelle Eiskristalle, können dadurch die Zellmembranen sowie Proteinstrukturen zerstört werden. Dies verhindern viele Eisbewohner dadurch, dass sie Frostschutzmittel bilden, die die Eisbildung auf die extrazellulären Räume beschränken. Forscher haben bei einigen eisbewohnenden Kieselalgen herausgefunden, dass ihre Zellen eine 50-Mal höhere Konzentration bestimmter Aminosäuren enthalten, als es normalerweise der Fall ist. Diese Moleküle stabilisieren die Zellstrukturen und verhindern so ihre Zerstörung durch Eiskristalle und Wasserentzug. In anderen Organismen wirken anorganische Ionen oder Glycerin als Frostschutzmittel.

Ein weiteres Problem, mit dem die Eisbewohner fertig werden müssen, ist der Lichtmangel. Gelangt ohnehin schon wenig Strahlung durch die Eisdecke, so wird das Problem durch eine Schneeschicht auf dem Eis noch verstärkt. Im Extremfall dringt durch diese Decke nur noch ein Zwanzigstel des Lichts hindurch. Besonders die Algen, die ihre Energie aus der Photosynthese beziehen, müssen sich daran anpassen, denn ohne Licht können sie die zum Überleben notwendigen Stoffwechselprodukte nicht herstellen. Biologen haben diese Pflanzen untersucht und festgestellt, dass sie schon bei wenig Licht sehr effektiv Photosynthese betreiben können. Sie sind sogar soweit an die schlechten Lichtverhältnisse angepasst, dass sie von einer helleren Umgebung nicht mehr profitieren können: Ihre Photosyntheserate erreicht schon unter Bedingungen das Maximum, unter denen andere Pflanzen auf Dauer eingehen würden.

Die härtesten Anforderungen an die Bewohner des Meereises stellt jedoch der hohe Salzgehalt. Denn die meisten eisbewohnenden Organismen halten sich in den wenige Millimeter großen Laugenkanälen auf. Enthält Meerwasser bis zu 39 Promille Salz, so beträgt der Salzgehalt in den Kanälen bis zu 70 Promille. Wenn die Temperaturen sehr niedrig sind, können es auch 150 Promille sein. Die Eisorganismen müssen daher bis zu vier Mal mehr Salz ertragen können als Lebewesen im freien Meerwasser. Gleichzeitig müssen sie auch dem Wasserverlust entgegenwirken. Denn die Wassermoleküle sind klein genug, um durch ihre Zellmembran zu passen, die Salzmoleküle aber sind zu groß. Um den Konzentrationsunterschied der Salze zwischen außen und innen auszugleichen, strömt Wasser aus dem Zellinneren nach außen. Steuern die Organismen nicht dagegen, würden sie daher in kürzester Zeit austrocknen, viele Stoffwechselvorgänge würden zusammenbrechen und ihre Zellen zusammenschrumpeln.

Die größten Meister der Anpassung sind auch im Meereis die Bakterien. Ob heiß oder eiskalt, salzig oder andere extreme Umweltbedingungen, die Mikroben haben jeden noch so ungastlichen Lebensraum besiedelt. Darum ist es nicht verwunderlich, dass sie auch im Meereis zuhause sind. Dort herrschen Temperaturen von 0 bis minus 26 Grad

Celsius. Mikroorganismen, die bei diesen tiefen Temperaturen gedeihen, nennen die Biologen psychrophil. Dabei handelt es sich um solche Bakterien, die tiefe Temperaturen zwingend benötigen und am besten bei Temperaturen unter zehn Grad Celsius wachsen. Oberhalb einer gewissen Temperatur stellen sie ihr Wachstum ein oder sterben sogar ab, weil es ihnen zu „heiß" ist. Von ihnen werden die psychrotoleranten Bakterien unterschieden, die zwar bei niedrigeren Temperaturen wachsen können, es aber lieber wärmer mögen und ihr Temperaturoptimum zwischen 25 und 35 Grad Celsius haben.

Damit die Enzyme dieser Mikroben auch bei niedrigen Temperaturen noch funktionieren und wichtige Stoffwechselprozesse ablaufen können, verfolgen die Eisbakterien eine grundlegend andere Strategie als die Bakterien, die in heißen Quellen leben. Versuchen letztere, die Struktur der Proteine möglichst starr zu halten, so sind die Psychrophilen bestrebt, die Flexibilität ihrer Eiweiße zu maximieren. Zudem sind die Proteine der kälteliebenden Bakterien weniger wasserabweisend als die ihrer Kollegen am anderen Ende der Temperaturskala. Auch diese Eigenschaften dienen einer erhöhten Flexibilität. Die Meereis-Bakterien haben bei niedrigen Temperaturen aber auch zunehmend Probleme, Nährstoffe über ihre Zellmembranen zu transportieren, da diese bei Kälte weniger dynamisch werden. Daher regulieren die Mikroben die chemische Zusammensetzung ihrer Membranen, indem sie den Grad der Sättigung und die Länge der Fettsäuren verändern. So wie Margarine mit ihrem höheren Gehalt an ungesättigten Fettsäuren im Kühlschrank weicher bleibt als Butter, halten die Bakterien ihre Membranen fluide, um auch noch bei Temperaturen unterhalb des Gefrierpunktes Transportvorgänge zu ermöglichen.

Die Kieselalge – der heimliche Herrscher im Meereis

Die artenreichste Gruppe der Meereisbewohner bilden die Kieselalgen, auch Diatomeen genannt. Allein im antarktischen Packeis kommen 200 bis 300 verschiedene Arten vor, in der Arktis nochmal rund 300. In dicht besiedelten Abschnitten des Eises können in einem Liter geschmolzenem Eis mehrere 100 Millionen Zellen enthalten sein. Insgesamt kennen Botaniker 6000 bis 10.000 heute noch lebende Arten. Fast alle sind mikroskopisch klein, zwischen einem und 100 Mikrometer, nur einige marine Formen können bis zu zwei Millimeter groß werden. Die meisten dieser Algen sind einzellig, sie können sich aber zu langen, makroskopisch sichtbaren Bändern zusammenfinden.

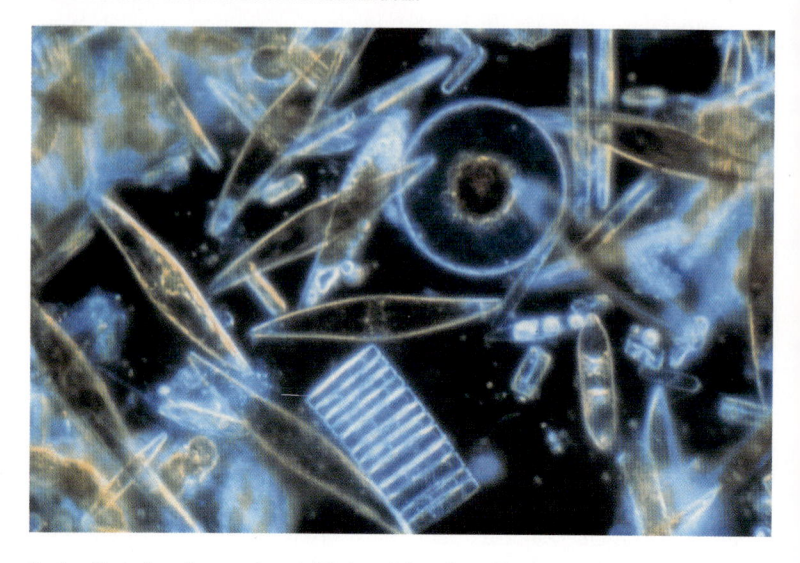

In den Zwischenräumen des einjährigen Meereises, hier im McMurdo Sound in der Antarktis, leben verschiedene Kieselalgen-Arten (© Gordon T. Taylor/Stony Brook University/NOAA)

Ihr wichtigstes und namensgebendes Merkmal ist die kieselsäurehaltige Schale. Diese Schale ist der Grund, warum man heute noch viele fossile Diatomeen findet. Sterben die Algen ab, so sinken die dauerhaften Schalen auf den Meeresgrund und lagern sich dort als Sediment ab, das als Kieselgur bekannt ist. Diese Kieselgurschichten können Mächtigkeiten von 100 Metern erreichen. Die Schale besteht aus zwei unterschiedlichen Teilen, die wie Deckel und Boden einer Schachtel aufeinander passen. Die Baustoffe der Schalen sind vor allem Polysaccharide und Proteine, in speziellen membranumschlossenen Vesikeln wird unterhalb der Zelloberfläche Siliziumoxid deponiert, um es anschließend in die Schale einzulagern und komplexe Strukturen auszubilden. Je nach Art sind die Schalen von einem ganz bestimmten Muster aus Rillen und Poren durchbrochen, damit der Kontakt zwischen dem Zellinnerem und der Umgebung gewährleistet wird. Diese Strukturen werden zur Artbestimmung herangezogen, da jede Art ihr eigenes Muster aus Poren, Rillen und Wülsten hat.

Die meisten Diatomeen haben eine planktische Lebensweise, das heißt, sie leben freischwebend im Meer und werden durch Strömungen passiv fortbewegt. Hier stellen sie einen Großteil des pflanzlichen Planktons der Weltmeere dar. Um ein möglichst geringes spezifisches Gewicht zu haben, enthalten die Kieselalgen Öle als Reservestoffe und große Vakuolen. Dadurch werden sie leichter und können sich an der Meeresoberfläche halten, wo sie dann beim Gefrieren des Wassers in das Meereis eingeschlossen werden. Zusätzlich kann man bei manchen Arten Schwebefortsätze erkennen, die ebenfalls dem Auftrieb dienen. In den Polargebieten sind es meist diese planktischen Arten, die in das Packeis eingeschlossen werden und in den Solekanälen leben. Stellenweise vermehren sie sich so stark, dass das Eis an der Unterseite braun erscheint. Die Färbung kommt durch ein besonderes Pigment in den Zellen zustande, das Fucoxanthin. Es gibt jedoch auch einige Arten, die am Meeresboden leben. Auf diese Diatomeen geht auch die Braunfärbung des Wattbodens zurück.

In der Nahrungspyramide des Meeres haben die Kieselalgen eine herausragende Bedeutung. Als Produzenten, die aus Licht und anorganischen Stoffen organisches Material herstellen, stehen sie an der Basis des Nahrungsnetzes. Biologen schätzen, dass diese Algen für 20 bis 25 Prozent der weltweiten Produktion von Biomasse verantwortlich sind. Das entspricht der Menge, die von den ausgedehnten Nadelwäldern auf der Nordhalbkugel der Erde produziert wird. Dabei sind sie erstaunlich produktiv. Wissenschaftler haben berechnet, dass ihre Primärproduktion 200 bis 400 Gramm Biomasse pro Quadratmeter und Jahr beträgt. Dies ist ein überraschend hoher Wert, wenn man ihn mit dem für Getreidefelder vergleicht, der bei 500 bis 1000 Gramm liegt. Gerade in den kalten Gewässern wie den Polarmeeren stellen sie sehr viel Biomasse her. Als zentraler Bestandteil des Planktons ernähren sich aber auch unzählige andere Organismen von ihnen.

Die Diatomeen des Meereises haben sich teilweise gut an die niedrigen Temperaturen angepasst. So gibt es bestimmte Arten, die nur in kalter Umgebung leben können, bei Temperaturen oberhalb von sechs

Grad Celsius sterben sie ab. Ihre Zellmembranen sind so zusammengesetzt, dass sie erst bei sehr niedrigen Temperaturen optimale chemische und physikalische Eigenschaften entwickeln. Die Eisalgen haben gegen den Kältestress zusätzlich enzymatische Oxidationsschutzmechanismen und Antioxidantien entwickelt, die die Bildung zellschädigender Moleküle in den Zellen verhindern. Gegen die hohen Salzkonzentrationen in den Laugenkanälen schützen sie sich, indem sie die Aminosäure Prolin in hohen Konzentrationen produzieren, diese Moleküle stabilisieren dann als sogenannte „kompatible Solute" die Zellbestandteile. Dadurch wachsen und vermehren sich die Kieselalgen noch bei einem Salzgehalt von 95 Promille – im Meerwasser sind lediglich 34 Promille enthalten.

Dinoflagellaten: Giftblüte und Meeresleuchten

Giftige, begeißelte Einzeller, die teilweise leuchten können, spielen ebenfalls eine wichtige Rolle als Bewohner des Meereises. Die Dinoflagellaten, die auch Geißelalgen oder Panzergeißler genannt werden, sind den Eis-Diatomeen zwar zahlenmäßig weit unterlegen, besiedeln den kalten Lebensraum aber immerhin mit einer Dichte von bis zu einigen Millionen Zellen pro Liter geschmolzenes Meereis.

Viele Arten der Dinoflagellaten besitzen ebenfalls einen teilweise bizarr strukturierten Panzer. Im Gegensatz zu den Diatomeen enthält er jedoch keine Kieselsäure, sondern besteht hauptsächlich aus Cellulose. Das ist auch der Grund, warum sich ihre Schalen nicht im Sediment anreichern, denn das organische Material zersetzt sich ziemlich schnell. Zur Fortbewegung dienen den Dinoflagellaten zwei lange Geißeln, von denen eine für die Vorwärtsbewegung zuständig ist und die andere die Zelle um die eigene Achse rotieren lässt. Diese Geißeln helfen ihnen auch, im freien Wasser ihre Position zu halten und nicht abzusinken. Verschlechtern sich die Umweltbedingungen, sind viele Dinoflagellaten in der Lage, sich in Cysten einzuschließen. Das sind kapselartige Dauerstadien, die von vielen niederen Tieren gebildet werden können. Derart vor widrigen Bedingungen geschützt, können sie überdauern und bleiben so lange Zeit erhalten. Wie bei den Kieselalgen gibt es auch unter den Dinoflagellaten viele Arten, die Photosynthese betreiben und als Pflanzen gelten. Manche können jedoch ihre Nährstoffe nicht selber herstellen und sind deshalb auf andere Organismen als Nahrung angewiesen. Einige sind sogar Parasiten, die an Diatomeen und anderen Eisbewohnern schmarotzen. Die Dinoflagellaten können also nicht eindeutig dem Pflanzen- oder Tierreich zugeordnet werden, manche können sogar zwischen den beiden Ernährungsweisen umschalten.

In kalten Gewässern wie den Polarmeeren kommen nur relativ wenige verschiedene Arten vor, diese aber in hoher Individuenzahl. Das unterscheidet sie von ihren Verwandten in warmen Meeren, wo eine viel größere Artenvielfalt herrscht. Immer wieder kommt es dort in regelmäßigen Intervallen zu einer explosionsartigen Massenvermehrung der Panzergeißler. Dann bevölkern sie das Meer in solchen Mengen, dass das Wasser durch die große Menge an Carotinoiden, die sie als Pigmente bilden, orange bis rot gefärbt wird. Diese Erscheinung wurde bereits in der Bibel als eine der sieben Plagen beschrieben und ist als „Rote Tide" bekannt. Sie wurde bereits an vielen Küsten beobachtet.

Berühmt-berüchtigt sind die Dinoflagellaten auch durch ihre Giftstoffe, die viele Arten während der Algenblüte produzieren und die immer wieder zu Vergiftungen führen. Dabei sind diese Gifte von Art zu Art unterschiedlich wirksam. Fische, die Kleintiere fressen, die sich wiederum von Dinoflagellaten ernähren, sind gegen diese Toxine unempfindlich und reichern das Gift an, ohne selber Schaden zu nehmen. Der Mensch, der am Ende der Nahrungskette steht und sehr empfindlich auf die Giftstoffe reagiert, zeigt dann beim Verzehr dieser Fische oder auch Muscheln schwere Vergiftungserscheinungen. Das bestuntersuchte Dinoflagellaten-Toxin ist das Saxitoxin, das beim Menschen als schweres Nervengift wirkt. Eine weitere bekannte Eigenart der Dinoflagellaten ist ihre Fähigkeit zu leuchten. Dieser Vorgang wird als Biolumineszenz bezeichnet. Die Organismen können mit einem bestimmten Enzym, der Luciferase, ein organisches Molekül namens Luciferin spalten, wobei es im Laufe der Reaktion zur Abgabe von Licht kommt. Vor allem Noctiluca-Arten sind hierfür bekannt. Auf diese Weise kommt das berühmte Meeresleuchten zustande, bei dem Millionen von einzelnen Zellen kurze Lichtblitze aussenden. Das Leuchten unterliegt einem ausgeprägten Rhythmus und tritt nur nachts auf. Die einzelnen Zellen arbeiten dabei bemerkenswert synchron zusammen.

Foraminiferen: winzige Jäger mit Schneckengehäuse

Eine relativ zahlreiche Gruppe der Eisbewohner bilden auch die Foraminiferen oder Kammerlinge. Diese mit 100 Mikrometern bis 20 Millimetern Durchmesser für Einzeller sehr großen Tiere besitzen eine Art Gehäuse, das je nach Spezies aus organischen Komponenten, Sandkörnern und anderen aneinander geklebten Partikeln oder auch Kalk besteht. Vereinzelt können diese Strukturen auch einige Zentimeter groß werden, im Inneren bestehen sie aber immer aus einer Zelle. Die Gehäuse der Foraminiferen sind von zahlreichen Poren und Öffnungen durchbrochen, aus denen die Tiere filamentartige Zellfortsätze herausstrecken. Diese ähneln den Scheinfüßchen von Amöben, sind nur viel zahlreicher und dünner. Mit diesen Strukturen gehen die Kammerlinge auf Jagd. Nahrungspartikel, die daran hängen bleiben, werden von Plasmaströmungen zum Zellkörper transportiert. Sie spüren aber auch andere kleine Organismen damit auf, wie Bakterien oder Diatomeen, und erbeuten sie. Es sind auch Arten bekannt, die eine Symbiose mit Algen eingehen. Die Algen stellen ihnen dabei ihre Photosynthese-Produkte zur Verfügung und genießen dafür den Schutz des Foraminiferen-Gehäuses.

Die meisten Foraminiferen sind Bestandteil des Planktons. Wenn das Meer in den Polarregionen gefriert, werden diese nahe der Oberfläche schwimmenden Organismen in das Eis eingeschlossen. Sie sind jedoch typische Vertreter des antarktischen Meereises, in der Arktis kommen sie nicht vor. An manchen Stellen sind sie so zahlreich, dass das Sediment des Meeresbodens zu einem großen Teil aus ihren Schalen besteht. Wie auch die Algen bilden sie einen wichtigen Teil der Nahrungskette im Ozean. Foraminiferen vermehren sich im Gegensatz zu anderen Eis-Lebewesen nicht im Eis selbst. Sie können zwar selbst bei Salzkonzentrationen von 50 Promille noch wachsen, zur Vermehrung jedoch gehen sie nach der Eisschmelze ins Meerwasser zurück, wo schon viele Räuber auf sie warten.

Für Paläontologen spielen die Foraminiferen eine wichtige Rolle, um herauszufinden, wie früher die Umgebung ausgesehen hat. Da verschiedene Arten unterschiedliche Umgebungen bevorzugen, kann man aus dem gehäuften Auftreten einer fossilen Art schließen, wie an dieser Stelle die früheren Umweltbedingungen waren, und damit Rückschlüsse auf das Klima ziehen. Die Wissenschaftler benutzen die fossilen Schalen auch, um die Wasserzusammensetzung früherer Zeiten zu rekonstruieren, da die chemischen Elemente der Schalen Rückschlüsse auf die Bestandteile der damaligen Meere zulässt. Wichtiger noch: Die Forscher können auch Aussagen über die frühere Wassertemperatur machen, indem sie bestimmte Sauerstoffisotope in den Schalen analysieren. Diese Daten können dabei helfen, zu verstehen, wie sich das Klima in der Vergangenheit geändert hat und wie es sich in der Zukunft ändern könnte.

Mehrzeller: kleine Krebse und Eisfische

Mit seiner Fülle an Algen und anderen pflanzlichen Organismen bietet das Meereis auch unzähligen höheren Tieren einen reich gedeckten Tisch. Vor allem wenn das Eis im Sommer schmilzt und die bis dahin eingeschlossenen Lebewesen freigesetzt werden, liefert es reichlich Futter. Entsprechend vielfältig ist die Palette der Tiere, die dieses ausnutzen. So spazieren Wimperntierchen gemächlich weidend die Wände der Laugenkanäle entlang, Fadenwürmer schlängeln sich durch die engen Röhren und Strudelwürmer filtern Nahrungspartikel aus der Lauge. Weiterhin wird das Eis von Rädertierchen, Borstenwürmern, Ruderfußkrebsen, Flohkrebsen und Nacktschnecken besiedelt. Dabei kommt nicht jede Gruppe an beiden Polen vor: während die Strudelwürmer bisher nur im arktischen Meereis gefunden wurden, ist die Existenz der Nacktschnecken bisher nur aus dem Südpolarmeereis gesichert.

Die Ruderfußkrebse beispielsweise ernähren sich von Phytoplankton und sind selber Hauptnahrung des Krills. Biologen nehmen an, dass sie von allen noch knapp mit bloßem Auge sichtbaren Lebewesen den größten Teil der weltweiten Biomasse ausmachen. Im Meereis bewegen sie sich durch die kleinen Kanäle, immer auf der Suche nach Nahrung. Im Meer schweben sie durchs Wasser, indem sie ihre langen Fühler wie Fallschirme benutzen und so nicht absinken. Werden sie jedoch bedroht, legen sie die langen Antennen ruckartig an den Körper an und katapultieren sich mit einer Geschwindigkeit von 40 bis 200 Körperlängen pro Sekunde durch das Wasser. In dieser Phase bewegen sie sich so schnell, dass sie von den meisten Fischen nicht mehr wahrgenommen werden können, da das Auflösungsvermögen der Fischaugen zu gering ist.

Ein weiteres wichtiges Mitglied der Nahrungskette im Polarmeer ist auch der antarktische Krill (*Euphausia superba*). Diese Garnelen sammeln sich im Sommer in riesigen Schwärmen in den kühlen Meeresregionen und bilden dort die Nahrungsgrundlage für Robben, Pinguine und viele Wale. Mit ihren Beinen filtern sie die pflanzlichen Bestandteile des Planktons aus dem Wasser. Im Winter, wenn es kaum Algen im freien Wasser gibt, sammeln sich die Garnelen direkt unter dem Packeis, wo sie die Algen an der Eisunterseite abweiden und sogar in der Lage sind, ihre Nahrung mit ihren Extremitäten aus dem Eis herauszukratzen. Das Meereis bietet ihnen aber auch Schutz. Besonders der junge Krill zieht sich vor seinen Feinden in die zahlreichen Risse und Löcher zurück.

Von wegen eisige Wüste: die Kammqualle *Mertensia ovum* findet an der Unterseite des Meereises reichlich Nahrung (© Elisabeth Calvert/NOAA-OE)

Es gibt auch Fische, die eng mit dem Meereis assoziiert sind. Sie leben zwar nicht darin, weil sie viel zu groß sind, halten sich aber direkt darunter auf. Das Eis bietet ihnen Schutz und Nahrung. Der arktische

Polardorsch (*Boreogadus saida*) zum Beispiel ist in den ersten beiden Lebensjahren ein ständiger Begleiter der Eisunterseite. Hier ernährt er sich von Flohkrebsen, die aus dem Eis herausschauen und auch der Krill wird nicht verschmäht. Ab dem dritten Lebensjahr wandert der Polardorsch dann in tiefere Gewässer ab. Der Polarfisch *Pagothenia borchgrevinki* ist dagegen eine kälteliebende Dorschart, die ständig am Meereis lebt. Er hält sich ebenfalls an der Eisunterseite auf und lebt von Copepoden und Krill. Seine Verbreitung beschränkt sich auf das Südpolarmeer, er ist dort rund um den gesamten antarktischen Kontinent zu finden. Um den tiefen Temperaturen zu trotzen, bilden diese Polarfische in ihrer Leber ein Gefrierschutzmittel. Es besteht aus Glykopeptiden, die sich an entstehende Eiskristalle heften und deren weiteres Wachstum bremsen. Auf diese Weise trotzt *Pagothenia* Temperaturen bis minus 2,7 Grad Celsius. Die Eisfische haben aber auch deutlich weniger Hämoglobin in ihrem Blut. Auf diese Weise bleibt das Blut flüssiger und ist bei Minusgraden leichter durch die Gefäße zu pumpen.

Die Bedeutung des Meereises für unser Klima

Meereis ist nicht nur ein gefährliches Hindernis für die Schifffahrt. Neben seiner Bedeutung als Lebensraum für unzählige Organismen spielt es eine bedeutende Rolle für das weltweite Klima. Denn je nach Dicke reduziert eine Eisdecke auf dem Meer den Wärmeaustausch zwischen Wasser und Atmosphäre. Das wirkt sich auf die örtlichen Wetterverhältnisse aus. Außerdem beeinflusst das Meereis die Windverhältnisse über dem Ozean. Streift der Wind beispielsweise über eine zerklüftete Eisdecke oder treibt er Eisschollen an, verliert er an Energie, was sich an anderen Orten bemerkbar macht.

Ein weiterer wichtiger Faktor ist das Rückstrahlvermögen oder die Albedo einer Eisdecke. Eine Eisschicht reflektiert etwa fünfmal mehr Sonnenstrahlung als Wasser, Schnee auf der Eisdecke verstärkt diesen Effekt noch. Auf diese Weise werden ungefähr 80 Prozent der einfallenden Sonnenstrahlung reflektiert. Diese Strahlung wird wieder in den Weltraum zurückgeworfen und geht dadurch der Atmosphäre verloren. Durch die ständig wachsenden und schrumpfenden Eisdecken auf den Meeren ändert sich die Menge an abgegebener Strahlung stetig, auf diese Weise wird indirekt unser Klima beeinflusst. Auf diese Weise löst auch der Klimawandel eine positive Rückkopplung aus: Durch die Erwärmung schrumpfen die Meereis-Flächen. Dadurch wiederum verringert sich die Albedo und damit die Reflexion des Sonnenlichts zurück in All. Als Folge nehmen Meer und Erdoberfläche mehr Wärme auf, auch die Atmosphäre wird wärmer und der Klimawandel beschleunigt sich dadurch zusätzlich. Diese Erwärmung hat zudem zur Folge, dass mehr Wasser aus den Ozeanen verdunstet und so mehr Feuchtigkeit aufsteigt. Die Atmosphäre enthält mehr Wasserdampf, es regnet häufiger und heftiger und gleichzeitig wirkt auch das atmosphärische Wasser wie ein Treibhausgas.

Bedrohtes Paradies Wattenmeer   12

Ute Schlotterbeck

Zusammenfassung

Das Wattenmeer gehört zu den wenigen Naturlandschaften in Europa. Von Den Helder in den Niederlanden bis hoch ins dänische Esbjerg reicht dieses weltweit größte zusammenhängende Wattengebiet, in dem man bei Ebbe zweimal am Tag über den Meeresboden laufen kann, ohne nass zu werden. Doch nicht nur stressgeplagte Urlauber tummeln sich hier auf der Suche nach Ruhe und Erholung, auch für zahlreiche Tier- und Pflanzenarten ist das Wattenmeer zu einem der letzten Rückzugsgebiete geworden.

Heuler, Seegras, Miesmuschel, Austernfischer oder Seesterne kennt wohl jeder, aber was ist ein Knutt? Wer hinterlässt die kringeligen Sandhäufchen auf dem Wattboden? Und welcher Fisch verbringt Ebbeperioden in nur wenigen Zentimeter tiefen Pfützen? Dass auf einem Quadratmeter Wattboden mehr Organismen leben, als auf derselben Fläche im tropischen Regenwald ist umso erstaunlicher, da die Fauna und Flora hier mit den widrigsten Bedingungen zu kämpfen hat. Der ständige Wechsel zwischen Überflutung und Trockenheit, die zermürbende Kraft der Wellen und vor allem das Überangebot an Salz machen vielen Tieren und Pflanzen das Leben schwer. Erst durch ganz spezielle Anpassungen im Laufe der Evolution ist es ihnen gelungen, dieses Refugium dauerhaft für sich zu erobern. Doch das Wattenmeer, dessen Aussehen sich bei jeder Flut ändert, ist in Gefahr. Auslaufendes Öl, giftige Algenblüten und mysteriöse „schwarze Flecken" drohen das sensible Ökosystem aus dem Gleichgewicht zu bringen oder sogar zu zerstören. Und auch die unberechenbaren

Sturmfluten nagen an der Küste und holen sich immer wieder ein Stück Land zurück ...

Was ist das Watt?

Schauplatz Büsum an der deutschen Nordseeküste: Zweimal am Tag zieht sich die Nordsee hier für ein paar Stunden fast bis an den Horizont zurück. Vom Deich aus kann der Betrachter das Wattenmeer überblicken, über das er wegen seiner unendlichen Weite nur staunen kann. Zu sehen ist dabei eigentlich „nur" der Meeresboden der Nordsee – doch der hat es in sich. Sand und Schlick, durch das ablaufende Wasser und den Wind geriffelt, sich wurmartig windende Priele und eine Vielzahl von Muscheln, Algen, Krebsen und Würmern tummeln sich hier. Aber was ist das eigentlich – Watt? Jeder kennt den Begriff und weiß wohl auch ungefähr, wo es liegt. Aber was macht diese Meereslandschaft so einzigartig? Der Begriff Watt stammt von dem altfriesischen Wort „wad" ab und bedeutet „seicht, untief" und „Gebiet, in dem man waten kann". Die sprachliche Bedeutung ist ziemlich treffend, denn genauso sieht es im Watt aus.

Watt ist das Gebiet zwischen Küste und Meer, das durch den Gezeitenrhythmus geformt wird. Dieser 450 Kilometer lange und meist nur zehn Kilometer breite Nordsee-Küstenstreifen ist circa 8000 Quadratkilometer groß. Er erstreckt sich von Den Helder in den Niederlanden über die gesamte deutsche Nordseeküste bis zum dänischen Esbjerg. Zum Wattenmeer zählen verschiedene Lebensräume: Neben dem gesamten Küstengebiet einschließlich der Wattflächen gehören auch die Inseln, Halligen, Dünen, Sandbänke, Priele und Salzwiesen dazu. Das eigentliche Watt nimmt zwei Drittel des Wattenmeeres ein.

Die Wattenlandschaft der Nordsee ist eine weltweit einmalige Küstenregion. Diese Einzigartigkeit ist im Grunde verblüffend, sind doch ungefähr 70 Prozent der Erdoberfläche mit Wasser bedeckt und die Küstenlänge der Kontinente ist entsprechend groß. Genügend Platz eigentlich für Wattenmeere.

Warum also gibt es eine derartige Naturlandschaft nur an der Nordseeküste? Das Zusammenwirken spezieller geographischer, geologischer und klimatischer Faktoren ist daran „schuld" und hat den Entstehungsprozess der Gezeitenküste, der bis heute andauert, vor ungefähr 10.000 Jahren eingeleitet.

Wattenmeere entstehen nur dort, wo mehrere Faktoren gleichzeitig aufeinander treffen:

Die Gezeiten müssen das Watt mit einem Tidenhub von mindestens zwei Metern periodisch überfluten und wieder freigeben. Als Tidenhub bezeichnet man den Unterschied zwischen höchstem Stand des Hochwassers und niedrigstem Stand des Niedrigwassers. Durch diesen Wechsel können die obersten Sandschichten abtrocknen und der meistens landwärts gerichtete Wind lässt über längere Zeit Dünen entstehen. Eine weitere Voraussetzung sind der Küste vorgelagerte Inseln. Diese, aber auch Strandwälle und Sandbänke, bremsen die Kraft der Wellen und der Strömung ab. Fällt dann auch noch der Meeresboden in Richtung der offenen See nur sehr allmählich ab – teilweise nur wenige Zentimeter auf tausend Meter –, sind die wichtigsten Faktoren zur Wattbildung gegeben.

Der seichte Meeresboden wirkt wie ein natürlicher Wellenbrecher und beruhigt das Wasser. Das begünstigt die Ablagerung feinen Bodenmaterials, das vom Meer und aus Flüssen herantransportiert wird. Mit jeder Flut – also alle zwölf Stunden – werden Sand und Schlick an die Nordseeküste transportiert. Wie dunkle Wolken schweben die kleinen Schlammteilchen, aber auch Pflanzen- und Tierreste, im Wasser – daher auch die typische grau-braune Farbe der Nordsee. Wird das Wasser ruhiger, sinken die Teilchen auf den Meeresboden und lagern sich ab. Mit der Zeit wächst so das Watt in die Höhe, an geschützten Stellen um bis zu vier Zentimeter pro Jahr. Diese Jahrtausende lange Umgestaltung des Nordsee-Küstenstreifens durch das Zusammenspiel der unterschiedlichen Kräfte dauert bis heute an. Täglich verändert sich so die Küste – wenn auch nur minimal. Aber beständig ist im Wattenmeer sowieso nur der Wandel.

Wattlandschaft: Bei Ebbe fallen weite Sand- und Schlickflächen trocken, dazwischen bleiben Priele (© Harald Frater)

Watt ist nicht gleich Watt ...

Der Bereich des Wattenmeeres, der im Wechsel der Tiden zweimal am Tag überflutet wird und wieder trockenfällt, wird nach dem Sedimenttyp und der Korngröße in drei Wattarten eingeteilt: Sandwatt, Mischwatt und Schlickwatt. Das Sandwatt entsteht in bewegterem Wasser und ist am weitesten von der Küste entfernt. Es besteht aus schwererem, gröberen Sand und ist gut begehbar, denn der Wassergehalt liegt hier bei nur 25 Prozent. Strömungen, Wellengang und Wind formen in diesem Teil des Wattes durch ständige Umlagerung der Oberflächenschichten die charakteristischen Wellenmuster – sogenannte Rippelmarken.

Je näher man zur Küste kommt, desto seichter und ruhiger wird das Meer. Hier, im Mischwatt, können sich schon feinere Sedimente, wie Sand, Ton und organische Bestandteile ablagern. Kothäufchen und Fresstrichter des Wattwurmes prägen den Wattboden. Der Wassergehalt ist in diesem Bereich des Watts schon deutlich höher – 25 bis 50 Prozent. Unmittelbar vor dem Deich und in ruhigen Buchten bildet sich das Schlickwatt. Der sehr feine Sand hat einen hohen Anteil organischer Substanz und ist stark mit Wasser durchsetzt. Da der Wassergehalt hier bei 50 bis 70 Prozent liegt, sammelt sich schnell eine dünne Wasserschicht an und der Wattwanderer sinkt leicht ein.

Man kann das Wattenmeer aber auch geografisch einordnen – in Bezug auf seine relative Lage zur offenen See. Auch hierbei gibt es drei Watttypen: die offenen Watten, die Rückseitenwatten und die Buchtenwatten. Offenen Watten fehlt der schützende Inselgürtel, der ihnen seeseitig vorgelagert ist. Ein Beispiel für diese Watten ist das Gebiet zwischen Jade und Eiderstedt. Rückseitenwatten entstehen hinter schützenden Inseln, wie den Ostfriesischen Inseln, oder hinter hohen Sandbänken. Buchtenwatten heißen die Wattenmeere die, wie es der Name schon sagt, sich in Buchten – wie im Dollart oder Jadebusen – befinden.

Lebensräume: von Salzwiesen, Dünen und Ästuaren

Zwischen Meer und Festland befindet sich auf einer Gesamtfläche von 30.000 Hektar ein mittlerweile selten gewordenes Biotop – die Salzwiesen des Wattenmeeres. Sie entstehen durch Schlickablagerungen vor dem Deich und liegen dadurch über der Hochwasserlinie, so dass sie den Gezeiten nicht mehr ausgeliefert sind. Salzwiesen werden nur noch unregelmäßig überflutet. Vor allem im Winterhalbjahr und bei Sturmfluten kommen aber immerhin noch 10 bis 250 Salzwasserüberflutungen pro Jahr zustande.

Auf den Salzwiesen hat sich eine hochspezialisierte Lebensgemeinschaft aus salzresistenten Pflanzen wie Queller, Strandgrasnelken und Strandflieder gebildet, die selbst unter diesen unwirtlichen Bedingungen überleben kann. Aber auch einige Tiere haben diesen extremen Lebensraum für sich erobert. Bis Ende der 1980er Jahre prägten Schafe die Salzwiesen, doch heute werden bereits 45 Prozent nicht mehr beweidet, um die natürlichen Prozesse ungestörter ablaufen zu lassen. So sind die Salzwiesen Heimat von 1650 hochspezialisierten Insekten, Milben, Spinnen und Würmern. 250 dieser Arten sind sogar endemisch, das heißt sie kommen nur hier vor. Auch Küstenvögel fühlen sich auf den Salzwiesen wie zu Hause. Nicht umsonst sind die Salzwiesen ein Rastplatz und Brutgebiet von internationalem Rang.

Dünen gehören zur Nordsee, wie das eher kühle Nordseewasser und das wechselhafte Wetter. Meistens sind sie an der West- und Nordseite der Inseln zu finden. Die Dünenbildung ist ein komplizierter Prozess. Vereinfacht ausgedrückt bilden sich Dünen so: Die Brandung spült Sand vom Meeresboden an den Strand, durch den Westwind trocknet er und wird weggeweht. Der Sand bleibt an den langen Sprossen und Wurzeln der Dünengräser hängen und sammelt sich an. Mit der Zeit entsteht so eine Erhebung – die Düne. Als natürlicher Küstenschutz und Wellenbrecher halten Dünen Überflutungen ab. Deiche werden auf Inseln mit einer solchen Dünenkette nicht benötigt – die Dünen sind viel höher und breiter, allerdings auch empfindlicher als die künstlichen Wellenbrecher.

Der Strand liegt zwischen Dünen und der Niedrigwasserlinie des Meeres. Der Sand an den Stränden und Sandbänken ist in ständiger Bewegung und Pflanzen haben daher hier keine Chance, Fuß zu fassen. Vor allem die Nordseiten der Inseln sind Wind und Wellen ununterbrochen ausgesetzt. Erst wenn so viel Sand abgelagert wurde, dass sie aus dem Überflutungsbereich herauswachsen, besteht die Möglichkeit, dass irgendwann einmal eine Düne oder Salzwiese entsteht. Am Strand leben vorwiegend Vögel, wenige Insektenarten und Krebse, die die Flut zurückgelassen hat. Auch kleinere Organismen, die so klein sind, dass sie sich frei zwischen den Sandkörnern bewegen können, fühlen sich hier wohl. Auf den Sandbänken können Seehunde beobachtet werden. Der letzte Lebensraum im Watt sind die Ästuare – die Flussmündungen. An den Mündungen der großen Wattenmeer-Zuflüsse Rhein, Ems, Weser und Elbe vermischen sich Süß- und Salzwasser. Es entsteht sogenanntes Brackwasser, in dem besondere Lebensbedingungen herrschen.

Mehr los als im Regenwald – die Tiere des Watts

Sieht man die braun-graue, matschige und mit Wasserpfützen durchzogene Masse vor sich, so ist es kaum vorstellbar, dass sich hier auf einem Quadratmeter Boden mehr Lebewesen befinden als im tropischen Regenwald. Millionen von Kieselalgen, Tausende von kleinen Krebsen und massenhaft Muscheln, Schnecken und Würmer tummeln sich im Gemisch aus Sand und Schlick. In einem Wattbodenstück mit einer Größe von 100 mal 100 Metern machen die Tiere eine Biomasse von drei bis zwölf Tonnen Nassgewicht aus. Zweimal am Tag spült die Flut Nährstoffe und organisches Material ins Watt – die Grundlage für die hohe pflanzliche und tierische Produktion. Die nährstoffreichen Sedimente lagern sich am Wattboden ab und bilden zusammen mit Planktonresten eine reichhaltige Nahrungsgrundlage. Sie lockt zahlreiche Tiere an. Wirbellose Organismen, zum Beispiel Muscheln, Krebse und Würmer, filtern bei Flut winzige Nahrungspartikel aus dem Meerwasser. Fische gehen auf Nahrungssuche, ebenso wie Seehunde. Bei Ebbe bevölkern dann große Schwärme von Watvögeln, Seeschwalben und Möwen das Watt. Die Nahrungsauswahl ist groß – Muscheln, Krebse, Würmer – alles ist vorhanden. Rund 3200 verschiedene Tierarten kommen hier vor, davon 250 nur hier im Wattenmeer.

Aber das Leben im Watt kann auch hart sein. Nahrung gibt es zwar reichlich, doch ständig schwankende Faktoren wie Wasserstand, Strömung, Salzgehalt oder Temperatur erfordern eine optimale Anpassung. Die Tiere, die hier leben, haben gelernt mit dem Kommen und Gehen des Wassers zu leben. Die Organismen im Wattenmeer leben nicht nur in einem anspruchsvollen Raum, auch die Zusammensetzung und Verteilung der Lebewesen und Gemeinschaften ist kompliziert und sehr dynamisch.

Fangen wir mit einem der kleinsten im Watt lebenden Organismen an. Sie sind mit bloßem Auge nicht einmal zu erkennen, man kann sie höchstens mit den Füssen ertasten. Gemeint sind die Mikroalgen, die bräunlich-glitschig vielerorts den Wattboden überziehen. Diese einzelligen Pflanzen ernähren sich von Mineralstoffen und erzeugen dabei kleine Sauerstoffbläschen im Wasser. Ohne diese Algen hätten wir kein Schlickwatt – sie verkitten mit ihrem Schleim die Sedimente. Die Mikroalgen sind wiederum Hauptnahrungsmittel für Strand- und winzige Wattschnecken, die die Algenflächen regelrecht abgrasen. Begegnet der Wattwanderer bandförmigen Spuren im Watt, so waren diese beiden Schneckenarten schon vor ihm da. Auch Platt-, Tell- und Sandklaffmuscheln schätzen das reichhaltige Algenangebot. Sie sind im Boden eingegraben und saugen die Algen mit einem langen Saugrohr von der Oberfläche ab.

Weitere typische Muschelvertreter im Watt sind Herz- und Miesmuscheln. Sie bilden große Muschelbänke und Kolonien. Herzmuscheln graben sich ins Watt ein, Miesmuscheln bleiben hingegen an der Oberfläche und „verankern" sich mit festen Eiweißfäden an Steinen, Pfählen oder Artgenossen. Es ist kaum zu glauben, aber jede Muschel filtert einen Liter Wasser in der Stunde. Nähr-, aber auch Schadstoffe, werden beim Filtrieren durch die Kiemen zurückgehalten. Zwar reinigen die Weichtiere auf diese Art und Weise das Wasser, in den Muscheln selbst sammeln sich aber mit der Zeit größere Mengen an Schadstoffen an.

Diese Kothäufchen sind ein ganz sicheres Zeichen, dass der Wattwurm (*Arenicola marina*) hier aktiv ist (© Harald Frater)

Typisch für das Watt sind die unzähligen Kothäufchen, die den Wattboden überziehen. Sie stammen von einem „Sandfresser", dem Wattwurm (*Arenicola marina*). 30 Zentimeter tief im Wattboden eingegraben lebt er in einer U-förmigen Röhre. An einem Ende frisst er den Sand in sich hinein, verdaut die enthaltenen Nährstoffe und „entsorgt" den von ihm ausgeschiedenen Rest des Sandes dann am anderen Ende der Röhre. So werden im Jahr etwa 1000 Tonnen Sand pro Hektar von den Wattwürmern umgewälzt. Das Wattenmeer ist zudem die Kinderstube für Fische wie Heringe, Schollen und Seezungen. Insgesamt 63 Fischarten leben hier. Im Sommer sind die Plattfische übermächtig – sie machen dann fast zwei Drittel der Fischbevölkerung aus. Plattfische sind räuberische Arten, die sich tückischerweise auch noch so gut wie unsichtbar machen können. Sie passen entweder ihre Hautfarbe der Umgebung an oder verbuddeln sich so im Sand, dass nur noch die Augen herausgucken.

Dem Wattwanderer begegnen aber die Abdrücke und Watschelspuren der Wat- und Wasservögel, die sich das reichhaltige Nahrungsangebot natürlich auch nicht entgehen lassen. Es gibt für sie nur ein Problem: Wenn sie das Watt begehen – bei Ebbe – sind die meisten kleinen Bewohner nicht zu sehen, sie verkriechen sich unter der Oberfläche und verstecken sich so vor ihren Feinden. Doch die Vögel haben auch ihre Tricks. Sie sind soweit spezialisiert, dass jede Vogelart den Schnabel hat, den sie braucht, um dennoch an ihre Lieblingsspeise heranzukommen und sie zu fressen. Mal muss der Boden oder das seichte Wasser nach einem Wurm, Kleinkrebs oder Jungfisch durchsiebt werden, dann wieder ist eine harte Schalen zu knacken, bevor die Muschel oder der Krebs verspeist werden kann. Harte Arbeit, aber dafür ist der Tisch auch immer sehr reichhaltig gedeckt.

Das Wattenmeer der Nordsee ist das vogelreichste Gebiet in Mitteleuropa. Gleichzeitig ist es zentrale Drehscheibe auf dem ostatlantischen Zugweg der Küstenvögel. Sie rasten hier und schöpfen neue Energiereserven für ihre nächste Etappe zwischen den Brutgebieten im Norden und den Überwinterungsregionen im Süden. Im Spätsommer und Frühherbst werden deshalb über drei Millionen Vögel in der Wattenmeer-Region gesichtet. Die Zahl der Vögel, die innerhalb eines Jahres hier Station machen, liegt aber mit zehn bis zwölf Millionen wesentlich höher. Ornithologen schätzen, dass etwa 50 verschiedene Vogelarten Jahr für Jahr das Wattenmeer bevölkern. Der Knutt (*Calidris canutus*) beispielsweise legt auf seinem Rückflug von Afrika nach 6000 Flugkilometern hier einen Zwischenstop ein, um sich für den Weiterflug nach Sibirien zu stärken. Aber auch für Brutvögel ist das Watt eine wichtige Anlaufstelle. 400.000 Vogelpaare, darunter vor allem Möwen, Austernfischer, Rotschenkel, Säbelschnäbler, Seeschwalben, Gänse und Enten nutzen die Wattenmeer-Landschaft zum Brüten.

Nicht zu vergessen in der Vielfalt des Wattenmeeres sind die wenigen hier vorkommenden Meeressäuger. Die bekanntesten unter ihnen sind die Seehunde und Kegelrobben.

Mehr als zehntausend Seehunde gibt es in der Nordsee. Die Raubtiere mit den Kulleraugen werden bis zu 1,70 Meter lang und 100 Kilogramm schwer. Besonders bekannt sind die „Heuler". Sie haben ihren Namen erhalten, weil die jungen Seehunde, wenn sie von ihrer Mutter getrennt werden, Klagelaute ausstoßen, um mit ihr in Kontakt zu bleiben. Kegelrobben sind im Vergleich dazu echte Raritäten. Nur bei der niederländischen Insel Terschelling und bei Amrum gibt es zwei ständige Kolonien. Zu Wanderungszeiten werden bei Amrum bis zu 120 Tiere gezählt, ansonsten sind es nur rund 25 Kegelrobben. Eine weitere Besonderheit im Wattenmeer sind die rund 250.000 hier lebenden Schweinswale. Besonders beliebt bei den Walen, die auch Kleine Tümmler genannt werden, sind die Gewässer westlich von Sylt und Amrum, weshalb sie Ende 1999 zum Walschutzgebiet erklärt worden sind. Schweinswale haben in der Nordsee keine natürlichen Feinde. Wenn sie zu Tode kommen, dann meistens durch Fischfangnetze. Der Schweinswal – einer der kleinsten Wale der Welt – wird bis zu 180 Zentimeter lang und 70 Kilogramm schwer.

Ganz schön abgehärtet – die Pflanzen im Wattenmeer

Mit den extremen Standortbedingungen im Wattenmeer kommen nur wenige Pflanzen klar. Sie müssen zweimal am Tag Überflutungen mit Salzwasser über sich ergehen lassen, große Temperatur- und Lichtschwankungen und den starken Wind überstehen. Das können nicht viele Pflanzen ab. Im Watt selbst kommt deshalb nur das Seegras vor. Weiter landeinwärts – ab der Hochwasserlinie – sind Queller und Schlickgras zu finden. Je weiter man sich vom Meer entfernt, desto geschlossener werden die Pflanzenbestände.

Problem Salz: In zu hoher Konzentration wirkt es in Pflanzenzellen wie Gift. Andererseits wird das Salz aber auch gebraucht, um den für die Wasseraufnahme nötigen osmotischen Druck aufrecht zu erhalten. Schwierig, hier das optimale Gleichgewicht zu finden. Wie schaffen es die Wattenmeer-Pflanzen aber trotzdem mit dem Salz im Übermaß zu leben? Es gibt verschiedene Methoden. Der Queller kann wegen seiner elastischen Zellwände große Wassermengen aufnehmen und so die Salzbrühe in seinen Zellen verdünnen. Die Strandaster lagert das Salz dagegen in ihren Blättern ein. Diese sterben dann nach einiger Zeit ab und das überschüssige Salz wird mit ihnen zusammen entsorgt. Durch Ausscheidungen aus Tausenden von Drüsen entledigt sich wiederum der Halligflieder des unliebsamen Stoffes. Im Sommer sind diese Pflanzen deshalb häufig mit kleinen Salzkristallen überzogen. Melden sammeln hingegen das Salz in nadelförmigen Blattzellen, die irgendwann abbrechen. Und manche Pflanzen beugen der Versalzung vor, indem sie sich vor zu starker Sonneneinstrahlung und Verdunstung schützen, entweder durch behaarte Blätter wie der Meerstrand-Beifuß oder durch eine Wachsschicht wie die Strand-Quecke.

Schützenswert und einmalig – Naturschutz und Nationalparks

Das Wattenmeer zwischen der niederländischen Insel Texel und der dänischen Ho-Bucht ist, neben den Hochalpen, die letzte großflächige und verhältnismäßig unberührte Naturlandschaft Mitteleuropas. Aber auch in diesen Lebensraum greift der Mensch teilweise massiv ein. Die wachsende Inanspruchnahme durch Wirtschaft und Tourismus und die Verschmutzung der Nordsee waren schließlich der Grund, diese einzigartige Küstenregion Mitte der 1980er Jahre zum Nationalpark zu ernennen. Seit Anfang der 1990er Jahre steht die gesamte Wattenküste von den Niederlanden bis Dänemark unter einem vergleichbaren Schutz.

Der deutsche Nationalpark Wattenmeer besteht heute aus drei Bereichen – dem niedersächsischen, dem hamburgischen und dem schleswig-holsteinischen Teil des Wattenmeeres. Schon 1985 wurde der Nationalpark Schleswig-Holsteinisches Wattenmeer gegründet. Die 441.000 Hektar Schutzgebiet befinden sich vor der Küste Schleswig-Holsteins zwischen der Elbmündung im Süden und der dänischen Grenze im Norden. Die Inseln und fünf großen Halligen zählen nicht dazu.

Noch nicht mal ein Jahr später – 1986 – kam der rund 240.000 Hektar große Nationalpark Niedersächsisches Wattenmeer hinzu, der die ostfriesischen Inseln sowie Watten und Seemarschen zwischen Emden im Westen und Cuxhaven im Osten umfasst. Der Nationalpark Hamburgisches Wattenmeer existiert seit 1990 und schließt die Inseln Neuwerk, Scharhörn und Nigehörn in der Elbmündung ein.

Um möglichst artenreiche Tier- und Pflanzenbestände für die Nachwelt zu erhalten und die dynamischen Naturprozesse ungestört ablaufen zu lassen, wird in einem Nationalpark die Natur auf mindestens 75 Prozent der Fläche sich selbst überlassen. Der Mensch beeinflusst sie kaum. Es wird nur regulierend eingegriffen, um beispielsweise seltene Arten gezielt zu fördern oder eine zu große Dominanz einer Art einzudämmen und so die Vielfalt zu erhalten. Die Bevölkerung hat zwar die Möglichkeit, die Nationalparks zu besuchen, aber nur, solange Pflanzen und Tiere nicht darunter leiden. Ranger informieren Besucher und Einheimische und überwachen die Schutzmaßnahmen. Erlaubt sind im Wattenmeer zudem in bestimmten Gebieten das Krabben- und Muschelfischen, weil sie der Tradition entsprechen.

Seit 2009 ist das Wattenmeer zudem von der UNESCO als Weltnaturerbe anerkannt. Ausschlaggebend für die Aufnahme in die UNESCO-Welterbeliste waren die außergewöhnlich große Artenvielfalt und die ökologische und geomorphologische Bedeutung des Wattenmeers. Das begehrte Etikett gilt für ein 10.000 Quadratkilometer großes Gebiet in den Niederlanden und Deutschland.

Bedrohung Erdöl: Schiffe, Bohrinseln und Pipelines

Die Nutzung der Nordsee durch den Menschen greift auf unterschiedliche Art und Weise in den Lebensraum Wattenmeer ein. Gerade bei einem so empfindlichen Ökosystem kann das verheerende Folgen haben. Mit mehr als 80.000 Schiffsbewegungen pro Jahr ist die südliche Nordsee eine der meistbefahrenen Schifffahrtsstraßen der Welt. Der rege Schiffsverkehr bringt für das Wattenmeer große Probleme und erhebliche Risiken mit sich. Denn bei einer Havarie können Schiffsdiesel und möglicherweise geladenes Erdöl austreten und das empfindliche Ökosystem kontaminieren. Aber auch die rund 450 Bohrplattformen in der Nordsee und Pipelines sind potenzielle Quellen für austretendes Öl.

Die Folgen beispielsweise eines Tankerunglücks für die Nordsee wären katastrophal. Verölte Seevögel und Seehunde, Ölteppiche auf der Nordsee und Teerklumpen am Strand sind nur die offensichtlichsten Folgen. Die schwerwiegenden Auswirkungen sind für den Menschen häufig erst auf den zweiten Blick zu erkennen. Durch die Veränderung der Wasserzusammensetzung gerät das komplizierte Nahrungsnetz völlig aus den Fugen. Das Öl entzieht unzähligen Organismen ihre Lebensgrundlage und gelangt zudem in die Nahrungskette. So leiden nicht nur die Tiere, die unmittelbar mit dem Öl in Berührung kommen. Auch für den Bestand, die Fortpflanzungsfähigkeit und das Erbgut vieler anderer Arten ist Öl in der Nordsee und im Wattenmeer eine ernstzunehmende Bedrohung.

Das Wattenmeer reagiert auf Ölverschmutzungen zudem noch empfindlicher als die offene Nordsee. Denn fast das gesamte Leben spielt sich hier am und im Boden ab. Wird dieser erst einmal von einer Ölschicht bedeckt, kommt Hilfe meist zu spät. Schon wenige Milliliter Öl reichen aus, um drei bis vier Kilogramm lebende Biomasse zu ersticken. Das restliche Öl wird durch Gezeiten und Wind in die Salzwiesen vor den Deichen getragen. Durch die Flut werden die Lebensräume Watt und Salzwiesen zweimal am Tag gründlich vom hin und her schwappenden Ölteppich getränkt. Ein weiterer Nachteil: Der ohnehin schon langwierige Abbau von Rohöl wird im Wattenmeer durch schlechte Voraussetzungen – wie den geringen Sauerstoffanteil – enorm gebremst. Ölabbauende Bakterien brauchen Sauerstoff, um sich anzusiedeln und schnell zu vermehren. Doch auf den Wattflächen und in den Salzwiesen ist die so genannte „Oxidationsschicht" nur wenige Millimeter dick, und durch den Ölteppich wird der natürliche Sauerstoffmangel noch verstärkt. Schlickreiche Flachwasserzonen und Salzwiesen brauchen so mindestens zehn Jahre, um sich von einer Ölpest zu erholen.

Von „schwarzen Flecken" und grünen Algen

Schwarze Sedimentschichten stellenweise über das Watt verstreut sind noch nicht besorgniserregend – sauerstoffarme Zonen unter der Oberfläche sind nichts Ungewöhnliches. Normalerweise sind sie aber von einer hellen, sauerstoffreichen Schicht überdeckt, und für den Menschen auf den ersten Blick nicht sichtbar. Die schwarzen, sauerstofffreien Schichten befinden sich eigentlich wenige Zentimeter unter der Oberfläche. Die so genannten „schwarzen Flecken" treten räumlich und zeitlich begrenzt auf, und signalisieren die sauerstoffzehrende Zersetzung von organischem Material – wie zum Beispiel einer Sandklaffmuschel – im

Boden. „Schwarze Flecken" werden auch dann an der Wattoberfläche sichtbar, wenn die obere, helle Schicht durch Erosion weggespült wird oder das austretende schwarze Sickerwasser an Prielhängen das umliegende Sediment einfärbt.

Doch seit Ende der 1980er Jahre lässt sich im Wattenmeer vor allem in den Sommermonaten ein durchaus beunruhigendes Phänomen beobachten – „Schwarze Flecken" in der Größe von Fußballfeldern breiten sich über das Wattenmeer aus. Über diesen Stellen liegt fauliger Geruch und von den Unmengen an Wattlebewesen ist hier nicht viel übrig geblieben. Mit natürlichen Ursachen ist das alles nicht mehr zu erklären. Es ist vielmehr der Hinweis auf massive Störungen des Ökosystems. Hauptgrund für die Ausbreitung von „schwarzen Flecken" sind die verstärkt wuchernden Grünalgen. Flächendeckende Grünalgenmatten werden durch Strömung und Wellen zu Algenwalzen geformt, die so die Strömung verändern, dass sich Vertiefungen im Boden bilden, in die sie schließlich gespült und von Sand und Schlick bedeckt werden. Die Algenpakete scheinen wie vom Erdboden verschluckt, bis nach wenigen Wochen an der Wattoberfläche als „schwarze Flecken" sichtbar werden. Die Flecken halten sich wochen- und monatelang, teilweise sogar über ein Jahr, da das Eindringen von Sauerstoff in diese Schichten nahezu unmöglich ist. Form und Größe verändern sich allerdings in der Zeit ständig. Durch anaerobe Bakterien in dem Fleck sieht er schwarz-glänzend aus und fühlt sich schmierig-ölig an.

Als Folgen konnten erhöhte Sulfid-, Phosphat-, Ammonium- und Methankonzentrationen im Porenwasser unter den „schwarzen Flecken" gemessen werden. Und sogar auf die Atmosphäre haben sie negative Auswirkungen, da klimaschädigende Gase wie Methan, Schwefelwasserstoff und Lachgas freigesetzt werden. Organismen fühlen sich in dieser Umgebung verständlicherweise nicht mehr wohl. Sie fliehen oder sterben ab. Dadurch können für den Küstenschutz Probleme entstehen, da dem Boden so die biogene Festigkeit verloren geht. Er wird instabil und das Sediment kann durch die Strömung leichter abgetragen werden. Der Übeltäter – die Grünalge – entsteht durch die hohe Nährstoffkonzentration in der Nordsee, die durch landseitige Einträge verursacht wird. Jedes Jahr gelangen große Mengen an Dünger, Nitrate, Abgase, Staub und in die Nordsee. Auf die Überdüngung folgt die Algenblüte, die alles Leben auf dem Wattboden ersticken kann und schließlich die Ausbreitung der "schwarzen Flecken" auslöst. Im Prinzip stammt also die Ursache der "schwarzen Flecken" größtenteils aus dem Binnenland. Erst über Flüsse und die Atmosphäre gelangt und endet schließlich alles in der Nordsee.

Der "blanke Hans" und seine Folgen

Eine Bedrohung für den Lebensraum Nordsee und Wattenmeer ist kaum zu beeinflussen und unberechenbar – die Sturmflut. Sturmfluten werden durch auflandigen Sturm und Windstau erzeugt. Sie weichen vom mittleren Hochwasserstand ab und führen zu Überflutungen. Eine der schwersten Sturmfluten ereignete sich 1362. Bei dieser sogenannten zweiten "Marcellusflut" kamen bis zu 100.000 Menschen ums Leben, viele Inseln und rund 30 Dörfer – darunter auch das sagenumwobene Rungholt – versanken in der Nordsee. Die gesamte Nordseeküste wurde durch die Naturgewalten umgestaltet. Große Buchten, wie der Dollart, entstanden und Wattströme erweiterten sich zu breiten Meeresarmen. Die heutige Küstenlinie wurde durch diese Sturmflut, die auch "Mandränke" genannt wird, entscheidend geprägt. Der Schutz durch Deiche war zu dieser Zeit noch nicht weit entwickelt. Die vorhandenen Deiche hielten dementsprechend wenig aus.

Wie es zu dieser Zeit ohne richtige Deiche aussah, lassen die Halligen heute noch erahnen: Die Menschen bauten zum Schutz ihre Häuser auf künstlich geschaffenen Erdhügeln – den Warften oder Wurten. So ragten bei Sturmfluten nur noch die Warften, wie kleine Inseln, aus dem Meer heraus, aber Hauptsache war, dass die Häuser nicht überflutet wurden. Im 17., 18. und 19. Jahrhundert hieß es oft "Land unter". Tausende von Menschen und Tieren starben in den ungebändigten Fluten. Obwohl der Deichbau weiterentwickelt und ausgeweitet wurde, hatten die Menschen häufig keine Chance, gegen den "blanken Hans" anzukommen. Das Meer holte sich immer wieder Teile des durch Landgewinnung entstandenen fruchtbaren Landes zurück. Auch im 20. Jahrhundert ereigneten sich schwere Überflutungen. Bei der Sturmflut im Januar 1953 wurden vor allem die Niederlande besonders hart getroffen – es starben 2000 Menschen.

Die verheerende Sturmflut in der Nacht zum 17. Februar 1962 drang sogar bis in die Hamburger Innenstadt vor. Mit 130 Stundenkilometer peitschten Böen über Hamburg und Norddeutschland hinweg. Der Wasserstand der Elbe stieg bis die Deiche an 60 Stellen brachen. 20 Prozent des Stadtgebietes wurden überschwemmt. 312 Hamburger ertranken in dieser Nacht. Im Stadtteil Wilhelmsburg waren 60.000 Menschen von den Fluten eingeschlossen. Nach dieser Katastrophe wurden die Deiche für eine Milliarde Mark verstärkt und erhöht. Die Novemberflut 1981 führte in Schleswig-Holstein zu Deichbrüchen. Besonders schlimm sah es auf Sylt aus – Millionen Kubikmeter Sand wurden weggeschwemmt. Auch bei den Sturmfluten 1993, 1994 und 1999 hatte Sylt große Landverluste zu beklagen. Teile der Insel wurden einfach ins Meer gespült. Heute schon ist Sylt an einigen Stellen nur noch 30 Meter breit. Manche Experten sehen bereits für die nächste große Sturmflut ein Horrorszenario voraus: Enorme Landverluste sollen angeblich dazu führen, dass Sylt in drei kleinere Inseln zerbricht. Auf jeden Fall schrumpft die Insel unaufhörlich.

Bermuda-Dreieck – Mythos und Wirklichkeit in der Sargasso-See

13

Edda Schlager

Zusammenfassung

Das Bermuda-Dreieck liegt im westlichen Atlantik vor der Küste Floridas. Auch als „Teufels-Dreieck" bezeichnet, steht diese Region seit Jahrzehnten für das unheimliche und spurlose Verschwinden von Schiffen und Flugzeugen. Immer wieder tauchten Berichte auf, die scheinbare Beweise für geheimnisvolle Kräfte liefern, die dort am Werk sein sollen. Heute ist allerdings klar, dass sich die meisten Fälle rational erklären lassen. Die Region um das Bermuda-Dreieck lohnt dennoch einen zweiten Blick. Denn die Sargasso-See, die sich vom Bermuda-Dreieck bis zum mittelatlantischen Rücken erstreckt, hat einige Besonderheiten zu bieten – jenseits des Unerklärlichen. Denn aufgrund der besonderen Lage und der damit einhergehenden klimatischen Bedingungen, hat sich hier ein einmaliges und außergewöhnliches Spektrum an Tier- und Pflanzenarten angesiedelt.

Flug 19 – Patrouille ohne Wiederkehr

Am 5. Dezember 1945 um 14:10 Uhr heben fünf Flugzeuge vom Typ TBM Avenger auf dem Marinestützpunkt Fort Lauderdale in Florida vom Boden ab – Flug 19, so der interne Name der Aktion. Das Wetter ist günstig. Die Mission: Ein Routine-Patrouillen-Flug von Fort Lauderdale aus 150 Meilen gen Osten über den Atlantik, dann 40 Meilen nach Norden und zurück zur Airbase. Die fünf Piloten in den Flugzeugen sind erfahren. Die Flugzeuge wurden vor dem Flug aufs Genaueste gecheckt. Die Wettervorhersagen für die Route sind ausgezeichnet, es ist ein für Florida typischer sonniger, milder Wintertag. Besondere Vorkommnisse – keine.

Um 15.45 Uhr, anderthalb Stunden nach dem Start, nimmt der Tower in Fort Lauderdale eine Meldung der Patrouille entgegen. Doch anstatt um Instruktionen für die Landung zu bitten, klingt der Kapitän der Fliegerstaffel besorgt und verwirrt. „Wir können kein Land sehen", hört man im Tower. Die Fluglotsen fragen nach der genauen Position und suchen den Himmel über der Airbase nach der Patrouille ab, die längst im Landeanflug sein müsste. Dann wieder eine Meldung aus dem Cockpit des Patrouillenführers: „Wir sind nicht sicher, wo wir sind. Wiederhole: Wir können kein Land sehen." Dann bricht der Kontakt zu der Patrouille ab. Nach zehn Minuten erneut eine Meldung im Tower. Doch diesmal ist es nicht der Chef der Fliegerstaffel, sondern einer der anderen Piloten. „Wir können Westen nicht finden. ... Wir sind uns keiner Richtung sicher. Alles sieht merkwürdig aus, sogar der Ozean."

Dann wieder Funkstille, und zu seiner Überraschung muss der Lotse auf dem Tower feststellen, dass der Staffelkapitän das Kommando an einen seiner Untergebenen übergeben hat. Zwanzig Minuten später meldet sich der neue Patrouillenführer beim Tower, am Rande der Hysterie: „Wir können nicht sagen, wo wir sind. ... Wir denken, wir sind 225 Meilen nordöstlich der Basis." Dann stottert der Pilot etwas Unverständliches und meldet sich schließlich mit den letzten Worten, die jemals von Flug 19 zu hören sind: „Es scheint, als ob wir in weißes Wasser kommen ... Wir sind komplett verloren. " Nur Minuten nach dem letzten Funkspruch von Flug 19 macht sich ein weiteres Flugzeug auf die Suche und fliegt die letzte vermutete Position der Fliegerstaffel an. Zehn Minuten nach dem Start meldet sich der Pilot beim Tower – und wird nie wieder gehört.

Sowohl die Küstenwache als auch Schiffe der Marine und Flieger der US Air Force suchen in den nächsten Tagen nach den verschollenen Flugzeugen. Was sie finden, sind ruhige See und mittlere Winde, 40 Meilen pro Stunde – und sonst nichts. Fünf Tage lang suchen sie ein Gebiet von fast 250.000 Quadratmeilen rund um Florida ab, im Westatlantik und im Golf von Mexiko. Sie finden nicht ein einziges Überbleibsel der fünf Staffelflieger und des verschollenen Suchflugzeugs – keine Ölspur, keine Wrackteile, keine Leichen, weder von den 14 Mann Besatzung der Fliegerstaffel noch von den 13 Crew-Mitgliedern der Suchmannschaft. Auch nach einer intensiven Untersuchung durch die Navy unter Beteiligung zahlreicher Spezialisten muss die Untersuchungskommission zugeben: „Wir haben nicht die geringste Ahnung und können nicht einmal vermuten, was passiert ist."

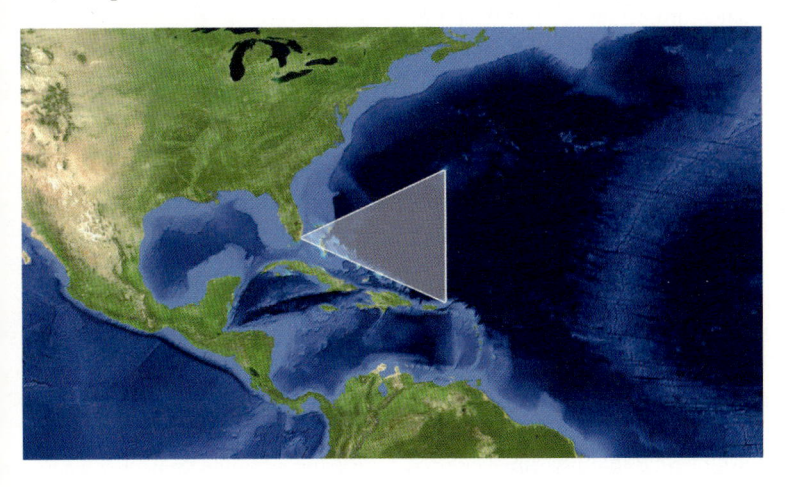

Lage des Bermuda-Dreiecks (© NASA)

Wer erzählt die Geschichte und wie?

Im Jahr 1973, knapp 30 Jahre nach dem ungeklärten Verschwinden von Flug 19 und dem ausgesandten Rettungsflieger, kommt die minutiös erfasste Chronologie des missglückten Patrouillenflugs noch einmal an die Öffentlichkeit. Die beiden amerikanischen Autoren Charles Berlitz und J. Manson Valentine sehen im mysteriösen Verschwinden der US-Piloten von Flug 19 einen der stärksten Beweise, dass es im Bermuda-Dreieck nicht mit rechten Dingen zugeht, wie sie in ihrem Buch „Das Bermuda-Dreieck" postulieren. Das US Naval Historical Center reagiert prompt und geht nun seinerseits dem Fall noch einmal nach. Michael McDonnell, ein Historiker des Navy-Museums, veröffentlicht seine Erkenntnisse noch im gleichen Jahr in der Zeitschrift Naval Aviation News und macht deutlich, dass es sich bei dem Flug im Jahr 1945 um ein tragisches

Unglück handelte – aber nicht um etwas Mystisches oder gar Übernatürliches.

Wie der Historiker anhand eines Untersuchungsberichts der Navy herausfand, handelte es sich bei den Piloten keineswegs – wie häufig dargestellt – um erfahrene Haudegen der US Airforce, die einen routinierten Patrouillenflug absolvierten. Im Gegenteil: Flug 19 war ein Training für Flugschüler der Luftwaffe. Lediglich der Patrouillenkapitän hatte bereits über 2500 Flugstunden Erfahrung. Die fünf Avenger-Flugzeuge wiesen bei der Durchsicht vor dem Start tatsächlich keinerlei Probleme auf, außer, dass keines eine Uhr an Bord hatte. Ob die Piloten selbst Armbanduhren trugen, wie es üblich war, ließ sich nicht nachweisen. Der Wetterdienst hatte nur „bis auf weiteres" günstiges Wetter gemeldet, die See sei „gemäßigt bis stürmisch".

Wie sich zeigte, muss sich der Trainer der Staffel bei der Einschätzung der aktuellen Position dramatisch geirrt haben. Aufgrund von defekten Kompassen im Flugzeug des Kapitäns und mangelnder zeitlicher Orientierung aufgrund fehlender Uhren war dieser der irrtümlichen Ansicht, dass er sich über den Florida Key befände, obwohl er offensichtlich die nördlichen Bahamas sah. Dadurch verlor die gesamte Staffel die Orientierung. Hinzu kamen Dunkelheit und zunehmend schlechtes Wetter mit stürmischer See und starken Winden, wie sie der britische Tanker Viscount Empire meldet, der nordöstlich der Bahamas in Richtung Fort Lauderdale unterwegs ist. Aus dem Funkverkehr geht hervor, dass der Staffelkapitän den Befehl gab, gemeinsam zu notwassern, sobald der Piloten der Treibstoff ausgeht. Dies endete wohl schließlich in der Katastrophe. „Frühere Avenger-Piloten, die wir befragten, waren der Meinung, dass ein solches Flugzeug bei einer Notwasserung in schwerer See den Crash nicht überstehen würde", so McDonnell. „Und das, so denken wir, war der Fall bei Flug 19, der Patrouille ohne Wiederkehr."

Und auch für das Verschwinden des Rettungsfliegers findet der Forscher eine Erklärung: 20 Minuten nach dem letzten Funkspruch des verschwundenen Fliegers beobachtet der Kapitän des Tankers „S.S. Gaines Mills", der vor der Küste Floridas kreuzt, eine Explosion am Himmel. Als er kurz darauf die Stelle der Explosion erreicht, findet er einen Ölfilm im Wasser. Das Verschwinden des Suchflugzeugs scheint damit geklärt, so Historiker McDonell. Obwohl das Rauchen an Bord strengstens untersagt gewesen sei und es im Abschlussbericht der Navy aus dem Jahr 1945 keine diesbezüglichen Anschuldigungen gebe, liege die Vermutung nahe, dass an Bord des Rettungsfliegers jemand geraucht habe. Der Flugzeugtyp sei weithin als „fliegender Gastank" bekannt gewesen.

Kolumbus' „unheimliche" Entdeckungen

Doch nicht nur in der Neuzeit sollen in dieser Region Menschen und Material verschwunden sein: Berlitz und Valentine, die Autoren des Buches „Das Bermuda-Dreieck" waren sich sicher, dass sie ein Phänomen aufgedeckt hatten, dass schon seit Jahrhunderten Gesprächsstoff unter Seemännern gewesen war und Generationen von Zuhörern wohlige Schauer über den Rücken gejagt hatte. Schon Christoph Kolumbus, als er 1492 als Erster überhaupt mit insgesamt drei Schiffen die Sargasso-See durchsegelte, soll das Gebiet unheimlich vorgekommen sein, heißt es. Umgeben von Seetang, das an den Schiffswänden emporzuwachsen schien, lagen Kolumbus und seine Mannschaft tagelang bei Flaute in der Sargasso-See.

Doch das Wetter war nicht das einzig Beunruhigende. Am Abend des 13. September 1492 trug Kolumbus in sein Logbuch ein, dass sein Kompass nicht länger nach Norden zeigte, sondern stattdessen etwa sechs Grad nach Nordosten. Es war das erste Mal, dass ein solches Phänomen beobachtet wurde und sich Kompasse als unzuverlässig erweisen. Und noch ein anderes Ereignis ließ Kolumbus' Männer an Unheimliches glauben: Am Abend des 11. April hatte Kolumbus den Eindruck, in weiter Ferne ein Licht zu sehen. Ungläubig rief er einen seiner Männer herbei. Der bestätigte das Licht. Ein Dritter jedoch konnte nichts mehr ausmachen. Das Licht war verschwunden. Der Seefahrer entschied sich, zunächst niemandem sonst von der Erscheinung zu erzählen. Vier Stunden später dann gab Rodrigo de Triana von der Pinta endlich die erlösende Meldung „Land in Sicht". Dieses Mal gab es keinen Zweifel. Die Küste einer der Bahamas-Inseln lag vor ihnen. Am 12. Oktober betraten Columbus und seine Männer erstmals die Neue Welt. Die Berichte der seltsamen Ereignisse in Columbus' Logbuch jedoch verbreiteten sich in den Jahrzehnten und Jahrhunderten nach seiner ersten Entdeckungsreise und gaben immer wieder Anlass zu Spekulationen.

Heute sind die vermeintlich so unheimlichen Entdeckungen des weltberühmten Seefahrers leicht zu erklären. Die ausgeprägte Windstille mit wochenlanger Flaute war kein böser Fluch, sondern eine für dieses Gebiet, die sogenannten Rossbreiten, ganz normale Wetterlage. Die Gewässer liegen im Bereich der innertropischen Konvergenzzone (ICZ), eine wenige hundert Kilometer breite Tiefdruckrinne, in der von Norden und Süden wehende Passatwinde aufeinander treffen. Hier steigt Luft auf, kühlt gleichzeitig ab und verliert Feuchtigkeit, die wiederum zu Niederschlag kondensiert. In etwa 15 Kilometern Höhe über dem Äquator fließt die Luft nach Norden und Süden, um schließlich, in eben jenen windstillen Gewässern der Rossbreiten, wieder abzusinken – sie erwärmt sich und verliert weiter an Luftfeuchtigkeit. Auf diese Weise entsteht ein Hochdruckgebiet, das im Inneren extrem windstill ist. Den Namen bekamen die Rossbreiten, weil sich die von der Flaute ausgebremsten Seefahrer hier oft von den an Bord mitgeführten Pferden trennen mussten. Sie mussten aufgrund des allgemeinen Mangels an Trinkwasser an Bord als erste dran glauben und wurden geschlachtet.

Auch für das vermeintliche „Verrücktspielen" des Kompasses gibt es eine Erklärung: Die Kompass-Nadel zeigt nicht direkt auf den geografischen, sondern auf den magnetischen Nordpol. Dieser liegt derzeit in der Nähe der Prince-of-Wales-Insel, auf halbem Wege zwischen der Hudson-Bucht und dem geografischen Nordpol. Fast überall gibt es dadurch bestimmte Abweichungen der Kompassnadel vom geografischen Norden – sie reichen von wenigen Grad bis sogar zu 180 Grad. Diese Abweichungen müssen nur subtrahiert oder addiert werden, um die Nordrichtung zu ermitteln – Kolumbus aber war dieses Phänomen damals noch nicht bekannt. Und auch das Licht, das Kolumbus kurz vor Erreichen der Küste sah, lässt sich natürliche erklären: Man geht heute davon aus, dass der Seefahrer einen Meteoriten beim Verglühen beobachtet hat – für sich gesehen natürlich ein durchaus spektakuläres Ereignis, aber weder mystisch noch übernatürlich.

Erklärbare Gefahren – Gashydrate und Riesenwellen

Mit zunehmend besserem Verständnis der Vorgänge in den Ozeanen haben auch die Erklärungen und damit die Entmystifizierung der vermeintlich merkwürdigen Vorfälle zugenommen. Einer dieser erst in jüngster Zeit erforschten Gründe, wie beispielsweise Schiffe auf offener See in große Gefahr geraten und sogar sinken können, sind Gashydrate. Diese besonderen chemischen Erscheinungsformen bilden sich aus Gas und Wasser, und zwar dort, wo niedrige Temperaturen und großer Druck herrschen. Gas und Wasser werden so zu einem festen, kristallinen Stoff zusammengepresst. Die nötigen Bedingungen, um Gashydrate entstehen zu lassen, kommen beispielsweise in Permafrost-Gebieten vor, etwa 200 bis 1000 Meter unter der Erdoberfläche, oder aber auch in 500 bis 2000 Metern Tiefe in den Sedimenten an den Kontinentalhängen der Ozeane – wie in der westlichen Sargasso-See.

Hier ist durch die großen Mengen an Braunalgen auch genug organisches Material vorhanden, das bakteriell oder thermisch zersetzt werden kann. Denn nur so entsteht Methan, das in 90 Prozent aller Gashydrat-Vorkommen weltweit beteiligte Gas. Wenn sich die Bedingungen in der Lagerstätte des Gashydrats ändern, löst sich die chemische Verbindung des Gashydrats. Das bisher wie in einem Käfig von den Hydratmolekülen eingeschlossene Gas entweicht und löst sich im umgebenden Wasser. Ändern sich Druck und Temperatur aber abrupt, wie beispielsweise durch ein Seebeben, einen Vulkanausbruch oder tektonische Verschiebungen, kommt es zu einem so genannten Blow-Out, einem Gasausbruch.

Dann steigen plötzlich Milliarden von Gasbläschen wie in einer Riesen-Brauseflasche vom Meeresboden auf. Die Dichte im aufsteigenden Sprudel ist dabei wesentlich geringer als die des umgebenden Wassers. Bill Dillon, ein Geologe beim US Geological Survey (USGS), erklärt, dass dies auch zum Sinken von Schiffen führen kann. „Absolut," so Dillon. „Wenn genug Gas aufsteigt, dass eine Art Schaum entsteht, dann hat der eine so geringe Dichte, dass das Schiff an Auftrieb verliert und nicht mehr schwimmt." Gleichzeitig hält der Geologe es jedoch für unwahrscheinlich, dass sich solche Gasausbrüche ausgerechnet in den letzten 550 Jahren, seit dem Beginn der Schifffahrt, im Bermuda-Dreieck ereignet haben sollen. „Der plötzliche Kollaps von Gashydraten ist vermutlich häufig am Ende der Eiszeit aufgetreten, als das Wasser der Ozeane in riesigen Inland-Eisschilden gebunden war und der Meeresspiegel niedriger war als heute. Dadurch nahm der Druck auf die Gashydrate am Meeresboden ab und es kam leichter zu einem Gasausbruch," so Dillon. „Das passierte aber so etwa vor 15.000 Jahren, als die Schiffe der höchstentwickelten Menschen noch nicht mehr waren als ausgehöhlte Baumstämme."

Ein anderes Phänomen der Meere kann sogar direkt mit einem Fall im Bermuda-Dreieck in Verbindung gebracht werden. Im März 1973 verschwanden spurlos zwei norwegische Frachter, die von Cape Henry an der Ostküste der USA auf dem Weg nach Europa waren. Von der „Norse Variant" konnte lediglich ein Besatzungsmitglied gerettet werden, die „Anita" verschwand komplett, ohne auch nur einen Notruf abzusetzen. Die norwegische Marine-Akademie in Oslo hat den Fall der beiden Schiffe untersucht und kam zu dem Schluss, dass mit großer Wahrscheinlichkeit zumindest die Anita von einer sogenannten Freak Wave, einer Riesenwelle, getroffen worden war und innerhalb von Minuten im Meer versank.

Diese besonders großen Wellen können bis zu 40 Meter hoch werden und entstehen unter speziellen Bedingungen. Einige Meeresgebiete sind nach Angaben von Wissenschaftlern besonders für das Auftreten von Monsterwellen prädestiniert. Dazu gehört neben dem Golf von Alaska oder dem Gebiet südöstlich von Japan auch die Sargasso-See östlich von Florida – das Bermuda-Dreieck. Die Ursachen für Freak Waves sind noch nicht ganz geklärt. Sicher scheint aber, dass bestimmte Meeresströmungen, gepaart mit Sturmwellen aus entgegengesetzten Richtungen, zum allmählichen „Aufschaukeln" der Riesenwellen beitragen können. Der Golfstrom, der einen Teil des Bermuda-Dreiecks durchfließt, könnte daher auch eine Ursache für die häufigen Schiffsunglücke in dieser Gegend sein.

Sargasso – die Unterwelt des Bermuda-Dreiecks

Auch wenn manch einer von der Entmystifizierung des Bermuda-Dreiecks enttäuscht sein mag – die Meeresregion im West-Atlantik zwischen der Ostküste der USA und den Bermuda-Inseln birgt auch echte Geheimnisse, die Wissenschaftler erst nach und nach erklären können. Das Bermuda-Dreieck liegt in einer Region, die für die Weltmeere einmalig ist. Sargasso-See heißt das Gebiet zwischen 40. und 70. Längen- und 25. und 35. Breitengrad, mit einer Fläche von rund 3,5 Millionen Quadratkilometern – fast so groß wie Australien. In bis zu 7000 Metern

Tiefe liegt hier der Ozeanboden. Dieser Meeresabschnitt ist der einzige weltweit, der als eigenständiges Meer bezeichnet wird, aber an keine einzige Küstenregion angrenzt.

Umgeben ist die Sargasso-See von nordatlantischen Meeresströmungen, die das Gebiet abgrenzen und zu besonders ruhigen Gewässern machen – das Auge im Sturm sozusagen. Kanarenstrom, Nordatlantikstrom, Golfstrom und der äquatoriale Nordatlantikstrom kreisen im Uhrzeigersinn um die Sargasso-See und sorgen hier für ganz besondere ozeanische Bedingungen. Das ozeanische Strömungssystem transportiert permanent warmes Wasser in die Sargasso-See, die äquatorialen Winde sorgen zudem stets für warmes, ruhiges Wetter. Die verhältnismäßig hohen Temperaturen an der Wasseroberfläche lassen viel Wasser verdunsten. Und weil es in diesem Gebiet auch kaum Niederschläge gibt und zudem kein Frischwasser aus anderen Teilen des Atlantiks zugeführt wird, ist der Salzgehalt der Sargasso-See sehr hoch, das Meer selbst ausgesprochen nährstoffarm. Gerade deshalb wachsen hier aber ganze Wälder von Braunalgen der Gattung Sargassum, die in langen „Fladen" an der Oberfläche schwimmen und deren einzelne Stängel und Triebe bis zu zwei Metern lang werden können. Benannt wurde die Algenart von portugiesischen Seefahrern im Gefolge von Christoph Columbus, die in den blasenartigen Verdickungen der Algen Ähnlichkeiten zu einer Weintraubenart namens „Salgazo" sahen.

Diese Algenwälder bieten vor allem kleinsten Meeresbewohnern Lebensraum – rund ein Drittel des atlantischen Planktons lebt in der Sargasso-See. Im Rahmen des „Census of Marine Life", einer weltweiten Bestandsaufnahme der ozeanischen Lebensformen, haben Meeresbiologen hier in den letzten Jahren eine erstaunliche Vielfalt an Leben entdeckt. Eine Expedition mit dem Forschungsschiff „Ronald H. Brown" nahm sich dabei den unbekannten Tiefen in der Sargasso-See an, weil man hier besonders viele unbekannte Arten vermutet. Mit Schleppnetzen und Tauchern sammelten die Forscher mehrere tausend Proben, um die Arten des Sargasso-Planktons genauer unter die Lupe zu nehmen. Über 500 Arten wurden dabei katalogisiert, von 220 das Erbgut analysiert. Zehn bis 20 zuvor nie beschriebene Arten haben die Forscher dabei entdeckt – für eine 20-tägige Forschungsreise wie diese eine enorme Ausbeute.

Flitterwochen in der Sargasso-See – die Reise der Aale

„Aale sind Zwitter, haben weder Spermien noch Eierstöcke und entstehen im fauligen Erdschlamm." Diese Meinung vertrat der griechische Philosoph und Wissenschaftler Aristoteles, wenn es um die Fortpflanzung der Aale ging. Lebendige Brut, die manch einer seiner Kollegen bei Aalen gefunden haben wollte, hielt Aristoteles für „Eingeweidewürmer". Erst 1922 kam der dänische Zoologe Johannes Schmidt dem Liebesleben der Aale endgültig auf die Spur und entdeckte, dass sie zwar wie andere Fische zweigeschlechtlich sind und laichen. Er stellte aber auch fest, dass ihre Fortpflanzung zu den ungewöhnlichsten überhaupt gehört. Weitab von den Flüssen des europäischen Binnenlandes, in der Sargasso-See nördlich der Bermuda-Inseln fand er winzige Aal-Larven. Bis dahin hatte man die jungen Aale, die die Form von Weidenblättern haben, für eine eigene Spezies gehalten.

Doch Schmidt deckte auf, dass jeder Aal in seinem bis zu 20-jährigen Leben zwei große Reisen auf sich nimmt, nur um sich ein einziges Mal fortzupflanzen. Erwachsene Aale, die in Europa lange Zeit für Schlangen gehalten wurden, weil sie sich schlängelnd auch über feuchte Wiesen oder Schotter zwischen Bachläufen bewegen können, leben in Süßwasser. Sobald sie geschlechtsreif sind, begeben sich die Aale flussabwärts auf Wanderschaft, durchqueren Europa bis zu den Flussmündungen, schwimmen hinaus in den Atlantik, um anderthalb bis zwei Jahre später in der Sargasso-See anzukommen. Hier legen die Aale ihre Eier ab – und sterben. Aus den Eiern schlüpfen wenig später die von Johannes Schmidt entdeckten sogenannten Weidenblattlarven und lassen sich vom Golfstrom bis vor die atlantischen Küstenregionen Europas treiben. Etwa drei Jahre dauert diese Reise. In Europa angekommen und mittlerweile rund sieben Zentimeter lang, beginnen sie nun den Aufstieg durch die Flüsse ins Landesinnere. Hier wachsen die Aale bis zu 1,50 Metern Länge heran, bis sie die Rückreise antreten, zurück in die heimatliche Sargasso-See.

Auch der amerikanische Aal, der in den See und Flüssen Nordamerikas zuhause ist, hat seine Kinderstube in der Sargasso-See. Warum die Aale, die europäischen wie die amerikanischen, ausgerechnet hierher kommen, ist bis heute ungeklärt. Die lange Geschichte der Aale, die bereits seit 125 Millionen Jahren gibt, könnte allerdings ein unrühmliches Ende nehmen. Denn bereits seit Jahren gehen die Bestände der Aale in Nordamerika und in Europa gleichermaßen zurück. Seit den 1970er Jahren, so Forscher der US-Meeresforschungsbehörde NOAA, sei die Anzahl der europäischen Aale um 90 Prozent zurückgegangen. Ein Grund für die rapide Abnahme ist zum einen die Tatsache, dass die als beliebte Speisefische geltenden Aale in nahezu allen Lebenszyklen gefangen werden. Insbesondere die jungen, noch wenig Fett enthaltenden Glasaale, die aus dem Meer kommend die Flüsse hinaufschwimmen, gelten als Delikatesse. Auch Aale sind somit ein Opfer der weltweiten Überfischung der Meere.

Doch jetzt haben die Wissenschaftler der NOAA herausgefunden, dass auch veränderte Umweltbedingungen in der Sargasso-See für den rapiden Rückgang verantwortlich sein könnten. In einer Studie haben sie Daten über den Aalfang und Klimadaten aus der Sargasso-See seit 1938 miteinander verglichen. Die Ergebnisse weisen darauf hin, dass die nordatlantische Oszillation – die Schwankung des Luftdrucks zwischen nordatlantischen Hoch- und Tiefdruckgebieten – einen Einfluss hat auf Wassertemperatur, Windrichtungen und die Art und Weise, wie sich obere und tiefergelegene Wasserschichten in der Sargasso-See miteinander vermischen. Dies wiederum beeinflusse die Fortpflanzung der Aale, so der NOAA-Biologe Kevin Friedland. „Unsere Erkenntnisse beweisen, dass es einen Zusammenhang zwischen abnehmenden Fortpflanzungsraten und speziellen Umweltveränderungen während der Laichzeit und dem frühen Entwicklungsstadium der Aal-Larven gibt."

In den letzten Jahren hat die nordatlantische Oszillation zu einer Erwärmung des Golfstroms und einer Abkühlung der äquatorialen Meeresströmungen im Atlantik geführt. Dies jedoch könne zu erheblichen Veränderungen in der Sargasso-See führen, so die NOAA-Wissenschaftler, und dies wiederum wirke sich auf die Aale aus, „die bisher ganz speziell an die nährstoffarmen Gewässer der Sargasso-See südlich der Bermuda-Inseln angepasst sind."

Exotisches Domizil – Spezialisten der Sargasso-See

Auch andere Meeresbewohner haben sich speziell auf die Sargasso-See und die hier herrschenden Bedingungen eingestellt. Trotz der enormen Menge an Braunalgen – pro Hektar wachsen bis zu hundert Tonnen Tang – dienen die Algen aber kaum einem der dort lebenden Organismen als Nahrungsquelle. Nur etwa zehn Prozent des Tangs werden gefressen. Vor allem als Versteck nutzen ihn die Bewohner, und manchmal als eine Art „Wasserbett".

Der Sargassofisch (*Histrio histrio*) aus der Familie der Anglerfische beispielsweise ist ein Meister der Tarnung und sieht, über und über mit braunen Warzen und Auswüchsen bedeckt, den Sargasso-Algen zum Verwechseln ähnlich. Er hält sich ausschließlich in den Sargasso-Wäldern der Region auf und wird dadurch manchmal tausende von Kilometern aus seinem eigentlichen Verbreitungsgebiet abgetrieben. Wenn sich Sargassofische bedroht fühlen, springen sie aus dem Wasser und – retten sich auf den Teppich aus Tang, um hier eine Weile abzuwarten, dass die potenziellen Feinde verschwinden.

Ein weiterer ungewöhnlicher Bewohner der Sargasso-See ist die amerikanische Unechte Karettschildkröte (*Caretta caretta*), obwohl sie in der Region eigentlich auch nur auf der Durchreise ist. Die jungen Schildkröten schlüpfen an der Südostküste der USA, vor allem an den Stränden Floridas – hier gibt es die größten Bestände dieser Art weltweit. Kaum geschlüpft, streben die jungen Schildkröten dem Ozean zu und überlassen sich die nächsten drei bis fünf Jahre den die Sargasso-See umgebenden Meeresströmungen. Auch die Schildkröten verstecken sich gerne in den ausgedehnten Tangwäldern, in denen sie sich auch an der Wasseroberfläche schwimmend paaren. Bis nach Madeira und an den Kanarischen Inseln vorbei schwimmen sie mit der Strömung, bis es sie zurück an die heimatlichen Küsten treibt, um erneut Eier abzulegen. Normalerweise.

Doch hin und wieder verirren sich die Schildkröten und landen versehentlich an der irischen oder britischen Küste, in den letzten Jahren sogar immer häufiger. Peter Richardson von der britischen Marine Conservation Society sammelt solche Fälle. Damit will er den Navigationsfähigkeiten der Schildkröten-Art auf die Spur kommen. Ganz geklärt sind diese noch nicht. „Für die großräumige Navigation haben sie offensichtlich ein magnetisches Gespür", so Richardson. „Um den Heimweg zu finden, nutzen sie aber auch chemische Wegweiser bestimmter Inseln oder Staub, der mit Winden transportiert wird." Richardson geht davon aus, dass die Karettschildkröten sich aber möglicherweise manchmal von einem allzu guten Nahrungsangebot ablenken lassen. „Junge Karettschildkröten passen sich schnell an günstige Bedingungen an. Es könnte sein, dass sie einem Überangebot von Quallen nachschwimmen und dann von Wetter und Strömungen abgetrieben werden." Vielleicht, so Richardson, sei ein Grund für das Abtreiben der Karettschildkröten aus der Sargasso-See auch einfach der, dass sich die Population aufgrund erfolgreicher Schutzmaßnahmen in Florida seit den 1970er-Jahren erholt habe und es wieder mehr Tiere gebe. „Je mehr junge Schildkröten schlüpfen und im Meer herumschwimmen, desto mehr können sich auch verirren und bei uns landen."

Riesenhaie – geheimnisvolle Plankton-Fresser

Auch für größere Meeresbewohner dient die Sargasso-See offensichtlich als Unterschlupf, wie zum Beispiel für die bis zu zehn Meter langen Riesenhaie (*Cetorhinus maximus*), die nach den noch größeren Walhaien die zweitgrößten Fische der Erde sind. Riesenhaie sind für Menschen völlig ungefährlich, denn sie ernähren sich hauptsächlich von Plankton. Bisher gaben die friedlichen Krillfresser Meeresbiologen ein Rätsel auf, denn etwa die Hälfte des Jahres verschwanden die Haie plötzlich. Ursprünglich in gemäßigt warmen bis kalten Gewässern des Atlantik und Pazifik zuhause, konnte man bisher nicht feststellen, wohin sie in den Wintermonaten verschwinden.

Ein Forscherteam der Fischereibehörde aus Oak Bluffs in Massachusetts hat vor einigen Jahren 25 Riesenhaie mit Satellitensendern ausgestattet und sie während des diskreten Verschwindens im Auge behalten. Das Ergebnis war überraschend, denn offensichtlich taucht im Bermuda-Dreieck auch manchmal etwas auf, das als verschollen galt. Neben Funksignalen aus der Karibischen See oder den Breiten vor Brasilien empfingen die Wissenschaftler auch Signale ihrer Riesenhaie – aus der Sargasso-See. Bis zu 6500 Kilometern hatten einige der Riesenhaie zurückgelegt und damit bewiesen, dass sie sich gern auch in wärmeren Gewässern aufhalten. Die Tiere wanderten in 200 bis 1000 Metern Tiefe und verbrachten dort Wochen und Monate. Da die Riesenhaie hier niemand vermutet habe, so die Wissenschaftler aus Massachusetts, hätten sie sich so offensichtlich Jahrhunderte lang den Winter über der Beobachtung entzogen.

Die vergessene Mission – PX-15 auf Drift im Golfstrom

Nadja Podbregar

Zusammenfassung

Im Juli 1969 starteten gleich zwei NASA-Missionen in unbekannte Welten: die Astronauten von Apollo 11 zum Mond und die Aquanauten der PX-15 in die Tiefen des Meeres. Doch während die Mondlandung heute in aller Munde ist, geriet die erste Langstrecken-Drift eines U-Bootes mit dem Golfstrom in Vergessenheit. Die Mission der PX-15 war schon damals von vielen unbemerkt und ist heute von der Geschichte weitgehend vergessen. Und dies, obwohl die Daten, die sie lieferte, die Ozeanographie einen gewaltigen Schritt voran brachten. Zum ersten Mal sammelten Wissenschaftler Daten über die Strömungen, Temperaturverhältnisse und den Meeresboden direkt an Ort und Stelle: indem sie sich in ihrem Unterseeboot mit dem Golfstrom mittreiben ließen.

Doch auch zum Weltraum gab es eine Verbindung: Denn die Mission war von der NASA auch als „Generalprobe" für zukünftige Langzeitflüge im Weltraum konzipiert. Denn auch die Männer an Bord der PX-15 verbrachten lange Tage eingeschlossen in einem engen Gefährt, nur durch eine dünne Hülle gegen die tödlichen Gefahren der Außenwelt geschützt. In kompletter Isolation von der Außenwelt mussten die Aquanauten in einem völlig autarken System überleben. Auch sie überwanden gewaltige Entfernungen – nicht durch das All, sondern durch die Weiten des Ozeans. Und auch sie reisten in fast völliger Dunkelheit, der Dunkelheit der Tiefsee. Und dies nicht nur für rund acht Tage wie die Astronauten der Apollo 11, sondern einen ganzen Monat lang. Ihre Mission setzt neue Maßstäbe und stellt einen

Rekord auf: Noch nie waren Menschen so weit und lange unter Wasser gedriftet und hatten so viele wertvolle Daten gesammelt.

„Mehr als nur eine Frage der Neugierde"

25. Mai 1961, Washington D.C.: In seiner Rede zum Status der Nation erklärt der amerikanische Präsident John F. Kennedy die bemannte Raumfahrt zum nationalen Ziel. Noch vor dem Ende des Jahrzehnts will er amerikanische Astronauten auf den Mond schicken. Denn, so Kennedy: „Kein Projekt in dieser Zeit wird eindrucksvoller für die Menschheit sein oder wichtiger für die langfristige Erkundung des Weltraums und keines wird so schwierig und teuer zu erreichen sein." Diese und auch die zweite Rede zum Thema Raumfahrt im Jahr 1962 gehören seither zu den bekanntesten des damaligen US-Präsidenten. Weniger bekannt ist allerdings, dass sich Kennedy nicht nur für die Erkundung des Alls einsetzt, sondern auch für die der Meerestiefe. Er schlägt eine nationale Anstrengung in der ozeanographischen Grundlagenforschung und der angewandten Erkundung vor. „Das Wissen über die Ozeane ist mehr als nur eine Frage der bloßen Neugierde. Unser Überleben könnte davon abhängen", so der Politiker.

Tatsächlich erleben die 1960er Jahre einen wahren Aufbruch: Dutzende von Tauchbooten verschiedenster Nationen versuchen sich in Tiefenrekorden zu überbieten, der Ozean gilt als der neue „Wilde Westen", den es zu erkunden und zu besiedeln gilt. 1963 erklärt der große Meeresforscher Jaques Cousteau: „Wir glauben, dass unterseeische Städte und bevölkerte Riffe auf dem Kontinentalschelf zukünftig so normal sein werden, wie es in den vergangenen Jahrzehnten dort die Ölplattformen waren." Vor dem Hintergrund des Kalten Krieges sind die amerikanischen Bestrebungen zur Erkundung des Meeres natürlich nicht ganz uneigennützig: Kennedy sieht in den Meeren der Erde ebenso wie im Weltraum einen Bereich, den es für die USA zu beanspruchen gilt – vor dem Erzfeind Sowjetunion. Der amerikanische Präsident wird 1963 ermordet, doch die von ihm gesäte Saat geht auf.

Frühjahr 1969: In Florida bereitet die NASA mit Hochdruck gleich zwei Missionen vor, die die Grenzen der bisherigen Erfahrungswelten sprengen werden. Die erste Mission ist Apollo, ihr Ziel ist der Erdtrabant – und dies möglichst vor den Sowjets. Die zweite Mission trägt den kryptischen Namen PX-15 und ihr Ziel ist irdisch: der Golfstrom. Diese warme Strömung ist ein entscheidender Teil des globalen Förderbands der Meere. Sie transportiert warmes Wasser aus dem Golf von Mexiko zunächst nach Norden entlang der Ostküste der USA, dann über den Atlantik nach Osten, Richtung Europa. 30 Tage lang soll ein eigens konstruiertes Forschungs-Unterseeboot mit der warmen Strömung mitdriften, ein Teil von ihr werden und – quasi aus der Innensicht – Messungen anstellen. Strömungsgeschwindigkeit, Wassertemperatur, Salzgehalt, aber auch Lebenswelt im Strom und die Topographie des Untergrunds werden kontinuierlich aufgezeichnet und gemessen. Das Ergebnis dieser ersten Mission dieser Art überhaupt ist, wenn alles gut geht, das erste detaillierte Profil dieser für Amerika und Europa so wichtigen Meeresströmung.

Der U-Boot-Pionier und der Raketenmann

Die Crew für das wichtige und prestigeträchtige Projekt ist sorgfältig ausgewählt. Der Leiter der Mission ist kein Unbekannter, wenn es um die Unterwasserwelt geht: Es ist der Schweizer Jacques Piccard, Sohn des berühmten Ballonfahrers und U-Bootbauers Auguste Piccard. Dieser hatte schon die Trieste entwickelt, das erste Unterseeboot, das speziell für die Tiefseeforschung gebaut wurde. Mit ihr tauchte Jacques Piccard im Januar 1960 bis zum Grund des Marianengrabens, einer der tiefsten Stellen der Weltmeere. Das „Bathyscaphe" erreichte knapp 11.00 Kilometer Tiefe und widerstand damit einem Druck von mehr als einer Tonne pro Quadratzentimeter.

Für Piccard ist die bevorstehende PX-15-Mission nicht nur ein Auftrag, sie geht zum großen Teil auch auf seine Ideen und Beiträge zurück. Pilot des Unterseeboots und Projektingenieur wird auf Wunsch Piccards ebenfalls ein Schweizer, Erwin Aebersold. Er betreut vor allem die Entwicklung und den Bau des Schiffs. Kapitän des Schiffs wird ein Unterseebootpilot der US Navy, Don Kazimir. Zuständig für die Kartierung des Meeresbodens während der Drift ist Frank Busby von der ozeanographischen Abteilung der Navy, sein Kollege von der britischen Navy, Ken Haigh, ist Akustikexperte und soll Sonarexperimente durchführen.

Der sechste Mann an Bord scheint auf den ersten Blick fehl am Platz. Denn er kommt von der Weltraumbehörde NASA und ist Spezialist für die Arbeit von Astronauten im Weltraum. Kein geringerer als der „Raketenmann" Wernher von Braun hat ihn als Beobachter ins U-Boot entsandt. Seine Aufgabe: Die Auswirkungen der langen Isolation von der Außenwelt unter schwierigen Bedingungen zu untersuchen. Für von Braun ist PX-15 ein optimaler Probelauf für eine zukünftige Langzeit-Mission im Weltall. Immerhin wird auch hier die Mannschaft für einen Monat in ihrem Unterseeboot eingeschlossen sein. Ein Zurück oder Hinaus gibt es ebenso wenig, wie eine Pause oder ein Auffüllen von Vorräten oder Energie unterwegs.

Mit dem „Mesoscaphe" in die Meerestiefe

Juli 1969, Florida: Zwei Mannschaften, eine aus drei Männern, die andere aus sechs bestehend, trainieren seit Monaten hart für ihre Aufgaben. Jetzt sind sie kurz vor dem Ziel: dem Start ihrer Missionen. Zwei völlig neuartige Schiffe werden von Technikern ein letztes Mal kontrolliert, letzte Tests laufen. Beide wurden von der gleichen Firma im Auftrag der NASA und der Regierung gebaut, der Grumman Corporation. Das eine Schiff ist die Apollo-Raumkapsel auf ihrer Trägerrakete Saturn 5, die andere aber ist ein neuartiges Unterseeboot, die Ben Franklin. Wie die Mondfähre ist auch die Ben Franklin dafür ausgelegt, extremen Bedingungen zu widerstehen.

Die Pläne für das „Mesoscaphe" stammen von keinem Unbekannten: Jacques Piccard selbst, Pilot der berühmten Trieste und erfahren im Umgang mit Unterseebooten, hat das Forschungstauchboot konzipiert. Für die PX-15-Missionentwirft er jedoch nicht ein spezielles Tiefseetauchboot, sondern ein „Mesoscaphe": Die Ben Franklin soll vor allem dem Druck in mittleren Meerestiefen widerstehen, rund 600 Meter unter der Oberfläche. Bis maximal 1200 Meter Tiefe, so die Berechnungen der Ingenieure, soll die Hülle dem Wasserdruck standhalten. Gerade einmal dreieinhalb Zentimeter dick ist die Stahlhaut, die das Schiff umgibt. Das gesamte zigarrenförmige Gefährt ist gut 15 Meter lang und drei Meter dick. Angetrieben wird es nur von vier 25 PS schwachen elektrischen Motoren. Sie sind weniger als Antrieb denn als Manövrierhilfe gedacht, da das Schiff ja vorwiegend passiv mit der Strömung mitschwimmen soll.

Während Apollo 11 im Zeitplan bleibt, gibt es bei PX-15 einige Probleme. Ursprünglich war der Start schon für Ende Mai geplant, so dass die Drift im Juni, vor dem Beginn der Mondmission, beendet sein kann. Doch während erster Test-Tauchgänge gibt es Probleme mit der Elektronik, der Strom scheint irgendwo zu versickern, statt die Geräte zu erreichen. Zwischen den riesigen Akkuzellen, die unter dem Rumpf befestigt sind, und dem Inneren des Schiffs muss es undichte Stellen in der Neopren-Isolation der Kupferkabel geben. Immer und immer wieder muss die Crew tauchen, um mühsam die winzigen Löcher in der Isolation dingfest zu machen. Doch gefunden werden müssen sie, denn alle Systeme der Franklin, darunter auch der Antrieb, hängen von diesem Strom ab. Weitere Testläufe sind nötig, um die Mannschaft mit den Feinheiten des Schiffs und vor allem der Handhabung der Ballasttanks und der Trimmung vertraut zu machen. Denn während ihrer Drift müssen die U-Bootfahrer ihren Auftrieb kontinuierlich an die sich verändernden Bedingungen des Stromes anpassen. Thermische Ausdehnung oder Schrumpfung der Hülle, Druck und Verdrängung verändern sich mit Salzgehalt und Temperatur des Meerwassers und müssen ständig überprüft werden.

Auf einem der ersten Testläufe peilt Piccard die 1000 Fuß-Marke (rund 305 Meter) an. Die zuvor berechnete Menge Meerwasser wird in die Ballasttanks eingelassen und die Franklin beginnt brav zu sinken: 100 Meter, 200 Meter, 300 Meter – und weiter in die Tiefe. Anstatt auf der Zieltiefe anzuhalten und mit neutralem Auftrieb zu schweben, sinkt das Schiff bis auf 550 Meter, bevor Piccard den Versuch abricht und auftauchen lässt. Was war schief gelaufen? Schnell stellt sich der Grund heraus: Es ist die Hülle der Franklin. Das Wasser an der Meeresoberfläche hat eine Temperatur von rund 30 °C, in 305 Metern Tiefe sind es nur noch gut 12 °C. Das Abtauchen erfolgte so schnell, dass sich die Hülle erst mit Verzögerung an die Außentemperatur anpasste und sich zusammenzog. Dieses Schrumpfen hält auch über die 100-Fuß-Marke hinweg an und lässt das U-Boot einfach weiter sinken, weil der Auftrieb weiter abnimmt. Als Konsequenz wird ein weiterer Faktor, die Abkühlzeit der Hülle, in die Berechnungen für die Auftriebssteuerung aufgenommen.

Der Preis für diese Erkenntnisse ist jedoch ein um mehr als einen Monat verzögerter Start. Mittlerweile ist es Anfang Juli ...

Zwei Starts, zwei Welten

Es ist der 16. Juli 1969, der amerikanische Sender CBS bringt eine Sondersendung. Auf dem Bildschirm sieht man eine Rakete kurz vor dem Start. Die Stimme des Nachrichtensprechers Walter Cronkite ertönt: „... es sind nur noch fünf Minuten bis zum Start der Apollo 11, alles läuft gut. Die Astronauten Armstrong, Collins und Aldrin sitzen an der Spitze der großen Saturn 5 Rakete in ihrem Kommandomodul und bereiten sich auf den Start vor ...". Weltweit blicken die Menschen gebannt auf den Bildschirm, verfolgen den Beginn des waghalsigen Unternehmens Mondlandung.

Zur gleichen Zeit sind sechs andere Männer in einem fast ebenso waghalsigen Unternehmen unterwegs. Ihr großer Start fand nur zwei Tage früher und wenige Kilometer entfernt von Cape Canaveral statt. Am 14. Juli wird die Ben Franklin in Palm Beach zu Wasser gelassen und von ihrem Begleitschiff aus dem kleinen Hafen geschleppt. Um 22:30 Uhr schließt die Mannschaft die Luken und flutet die Ballasttanks. Doch wieder gibt es Probleme: Statt der Zieltiefe von 182 Metern sinkt die Franklin geradewegs zum Grund, auf 509 Meter Tiefe. Mehrere Lecks treten auf, Sicherungen brennen durch, Alarme schrillen und die Kommunikationsverbindung mit dem Begleitschiff an der Oberfläche fällt aus. Die Männer an Bord des U-Boots sind auf sich gestellt. Es gelingt ihnen, das Boot zu sichern und die Probleme weitestgehend zu beheben. Am nächsten Tag, dem 15. Juli, schaffen sie es, die Franklin auf 300 Meter aufsteigen zu lassen, und bewegen sich langsam, mit zwei Knoten, ihrem Ziel entgegen, dem Kern des Golfstroms.

Cape Kennedy, Startrampe der Apollo 11, kurz vor dem Start: Die Besatzung der Apollo 11 empfängt eine Nachricht der PX-15 Crew, die gerade unter Wasser die Küste vor dem Raumbahnhof passiert: „Von der Crew der Ben Franklin an die Crew von Apollo 11: Wir wünschen euch guten Wind und glatte See. Viel Glück!" Wenig später, um 09:32 Uhr Ostküstenzeit hebt die Saturn 5 mit Armstrong, Aldrin und Collins an Bord ab Richtung Mond – und fast die gesamte Welt schaut zu. Die Franklin ist währenddessen nahezu unter Ausschluss der Öffentlichkeit unterwegs. Doch Jaques Piccard lässt sich davon nicht irritieren. Er ist sich sicher: „Diese Reise wird fast genauso groß in die Geschichte der Ozeanographie eingehen, wie die Mondlandung in die Annalen der Raumfahrt." Leider sollte sich diese Einschätzung nicht bewahrheiten.

Aufnäher mit dem Logo der PX-15-Mission (© NASA/NOAA)

Wracks, Kartierung und ein Beinahe-Zusammenstoß

Während die Astronauten in die Erdumlaufbahn einschwenken und Schwung holen für die Passage zum Mond, etabliert sich an Bord der Franklin allmählich Routine. Die Besatzung protokolliert Messungen und Beobachtungen und dümpelt mit knapp fünf Kilometer pro Stunde in der leider nicht allzu warmen Strömung. In gut 300 Metern Tiefe herrschen gerade mal 13 °C, die dünne Hülle ist nicht wärmeisoliert und um Strom zu sparen, bleibt die Heizung ausgeschaltet. In den klammen und feuchten Räumen holen sich Piccard, Busby und Kazimir prompt eine Erkältung, die sie die ganzen nächsten Tage nicht mehr loswerden. Zu allem

Überfluss gibt es Probleme mit den Kohlenmonoxid-Konzentrationen in der Kabinenluft. Die Werte des hochgiftigen Gases liegen zu hoch, die Männer versuchen, durch Lithiumhydroxidfilter Abhilfe zu schaffen, doch der CO-Wert wird während der gesamten Tauchzeit immer wieder zum Problem.

20 Juli, 20:17 Weltzeit: Neil Armstrong verkündet der Bodenstation und der gespannt wartenden Weltöffentlichkeit: „The Eagle has landed!". Sechs Stunden später steigt er die Leiter der Landefähre hinunter und setzt den ersten Fuß auf dem Mond. Sein Ausspruch: „That's one small step for a man, one giant leap for mankind", wird in die Geschichte eingehen. Für die Crew der PX-15, 170 Meter unter der Meeresoberfläche driftend, ist der 20. Juli dagegen ein Tag voller Routineaufgaben. Aber auch sie erhält die Nachricht von der Mondlandung – per Funk von ihrem Begleitschiff. Der Kapitän Kazimir notiert in seinem Logbuch: „Das Highlight des Tages war die Mondlandung, die uns die Privateer mitteilte."

Auch die nächsten Tage an Bord der Franklin vergehen mit intensiver wissenschaftlicher Arbeit und erneuten Problemen: Vor der Küste von Georgia soll das U-Boot 24 Stunden lang den Untergrund in einem Abstand von nur neun Metern über dem Meeresboden schwebend fotografisch kartieren – ein riskantes Manöver, da in dieser Gegend zahlreiche Schiffswracks liegen. Tatsächlich warnt das Sonar in 550 Metern Tiefe plötzlich vor einem großen Hindernis direkt voraus, zu sehen ist in der Dunkelheit allerdings nichts. Kapitän Kazimir geht auf Nummer sich und ordnet ein Aufsteigen um 30 Meter an. Das Schiff passiert das Hindernis unbeschadet und fotografiert weiter. Immerhin entfaltet sich vor den Augen der Wissenschaftler eine faszinierende Unterwasserwelt. Später stellt Kazimir fest, dass es sich um einen falschen Alarm gehandelt hat: Das Sonar hatte eine Fehlfunktion, ein Hindernis gab es an dieser Stelle nicht.

Die Gefahr von Kollisionen und die Unsicherheit über die Zuverlässigkeit der Ausrüstung zerren an den Nerven. Immer wieder muss das Schiff zwischendurch aufsteigen. Kazimir notiert im Logbuch: „Es wäre besser gewesen, dieses Gebiet in drei getrennten Exkursionen während einer 24-Stunden Periode zu erkunden, um physische Belastung, Kälte und Stromverbrauch zu reduzieren." Die Männer sind erschöpft. Die

Kartierung ist geschafft, aber noch immer ist es ungemütlich kalt und feucht im U-Boot. Zu allem Überfluss macht sich jetzt auch die Strömung bemerkbar: Immer wieder bringen Turbulenzen die Franklin vom Kurs ab, der Pilot schafft es kaum, sie in der vorgesehen Tauchtiefe zu halten.

Kampf mit der Strömung

24. Juli 1969. Nach ihrem acht Tage langen Flug landet die Kapsel mit den drei Astronauten der Apollo 11 sicher im Wasser des Pazifiks. Tausende von Kilometern entfernt kämpft die Franklin weiter mit widrigen Strömungen. Nach dem wimmelnden Leben vor der Küste Georgias und Carolinas ist das Meer um das Schiff nun nahezu leer, nicht einmal der dichte Planktongürtel, der bisher die Sonarmessungen störte, ist noch vorhanden. Die vorgesehen Beobachtungen müssen unterbrochen werden. Wichtigstes Ziel ist es jetzt, die Franklin in den Kern des Golfstroms zu manövrieren.

Zwei Tage später dann eine fatale Begegnung: Ein gewaltiger Strömungswirbel packt das U-Boot unerwartet und schiebt es vom Kurs ab in die Gegenrichtung. Kazimir wirft die vier Motoren der Franklin an und versucht, gegenzusteuern, doch die Motoren sind zu schwach und die Energie geht zur Neige. Was nun? Der Leiter der Mission fällt die Entscheidung, das Tauchboot von der Privateer, dem Begleitschiff, in den Golfstrom schleppen zu lassen. Die Franklin taucht auf. Alle Luken des U-Boots bleiben jedoch fest versiegelt, denn die Isolation und Autonomie der „geschlossenen Umwelt", die vor allem der NASA als Test so wichtig ist, soll bewahrt bleiben.

Zwei Tage später, am 28. Juli, ist die Franklin wieder auf Kurs: mitten im Zentrum des Golfstroms. Gleichzeitig geht es nun in tiefe Gewässer, die Strömung verlässt den Kontinentalschelf der Küste und zieht das Tauchboot hinaus ins offene Meer. Mehr als 3500 Meter tief ist hier das Wasser. Wenn jetzt etwas mit dem Auftrieb schief geht oder es ein Leck gibt, ist das Boot rettungslos verloren. Der Wasserdruck würde die Hülle schon weit vor dem Erreichen des Meeresbodens zerquetschen. Die Crew beginnt akustische Messungen und beobachtet die Lichtstärke in verschiedenen Wassertiefen. In 180 Metern gibt es noch genügend

Licht, um Zeitung zu lesen, so Kazimir. In 600 Metern Tiefe aber ist alles schwarz.

Eine der Aufgaben der PX-15 hier ist es, das sogenannte Deep Scattering Layer ausfindig zu machen und zu untersuchen. Diese horizontale Wasserschicht reflektiert Sonarwellen so stark, dass sie in Messungen leicht für den Meeresboden gehalten wird. Doch sie ist kein massives Sediment, sondern besteht aus großen Ansammlungen von Fischen und Kleinlebewesen, die in dieser Höhe optimale Bedingungen finden. Wo genau sich diese Schicht befindet und welche Bedingungen hier herrschen, ist für die Meeresforscher von großem Interesse – entsprechend intensiv suchen die Männer der Franklin nach ihr. Aber ohne großen Erfolg. Trotz wiederholter Sonartests können sie das Deep Scattering Layer nicht finden – bis zum Ende ihrer Mission nicht. Zwar begegnen ihnen immer wieder einmal Fischschwärme und auch Planktonwolken durchfahren sie viele, aber das Layer selbst bleibt aus.

Sturm oben, ungemütlich unten

Am 1. August melden sich Wissenschaftler der Grumman Corporation per Funk. Es gibt Schwierigkeiten. Sie haben den Verlauf des Golfstroms aus der Luft verfolgt und einen weiteren gigantischen Wirbel direkt im Kurs der Franklin entdeckt. Weicht sie nicht aus, könnte sie erneut aus der Strömung geschleudert werden. Glücklicherweise kommt die Warnung diesmal rechtzeitig. Die Besatzung kann die Franklin aus der Turbulenz heraushalten und bleibt im Strom. Als an der Oberfläche dann der tropische Sturm Anna tobt und das Begleitschiff Privateer abdreht, um an der Küste Schutz zu suchen, wundert sich Busby darüber, warum nicht mehr Erkundung und Erforschung der Ozeane unter Wasser stattfinden – weit weg von den Gefahren der Meeresoberfläche und des Wetters.

So ganz ohne ist inzwischen aber auch das Leben an Bord des Unterseeboots nicht. Länger schon wird das Wasser nicht mehr ausreichend heiß, um sich die gefriergetrockneten Fertigmahlzeiten adäquat zubereiten zu können. Noch immer ist es kalt und feucht – inzwischen liegt die Luftfeuchtigkeit um 90 Prozent. Und immer wieder steigt der Anteil des Kohlenmonoxids in der Raumluft gefährlich an. Am 5. August erreicht der CO-Wert 30 ppm. Jeden Tag vier Stunden lang lässt die Besatzung das Kontaminationssystem jetzt laufen, aber die Werte wollen nicht sinken. Am 10. August erreicht das giftige Gas sogar die 40 ppm-Marke. Die Männer werden allmählich unruhig.

12. August 1969. An Land findet das große Staatsbankett zu Ehren der drei Apollo 11 Astronauten statt. An Bord der Franklin sehnen sich die Aquanauten nach ihrer ersten richtigen Mahlzeit und Dusche nach knapp vier Wochen Tauchfahrt. Nur noch zwei Tage, dann haben sie es geschafft: Sie dürfen auftauchen – zurück in die Zivilisation. Zu diesem Zeitpunkt ist auch das letzte Feuchtigkeit absorbierende Silicagel aufgebraucht, die Luftfeuchtigkeit liegt bei knapp 100 Prozent. Nahezu alle Leitungen, Oberflächen und Objekte sind mit schädlichen Keimen verseucht. „Die bösen Jungs haben die guten überwältigt", kommentiert NASA-Forscher Chet May. Abwasser- und Abfallsysteme streiken bereits seit Wochen, daher gammeln der Müll von 30 Tagen und die getragenen Klamotten an Bord vor sich hin. Aber jetzt, im Endspurt, ist das alles zu ertragen. Das „Splash Up", das letzte Auftauchen nach mittlerweile mehr als tausend Meilen Drift und knapp einem Monat Tauchzeit, steht unmittelbar bevor.

Am 14. Juli 1969 endlich, ist die Besatzung der Franklin erlöst: Sie tauchen vor der Küste des US-Bundesstaates Maine auf und werden von einem Kreuzer der Küstenwache an Land gebracht. Mehr als 2250 Kilometer haben die sechs Männer in ihrem Tauchboot zurückgelegt, den größten Teil davon mit der Strömung des Golfstroms driftend – ein absoluter Rekord. Sie haben Meerestiere beobachtet und fotografiert, unbekannte Tiefen kartiert, und wertvolle Daten über Temperaturen, Salzgehalt und Druckwerte im Herzen der Strömung mitgebracht. Gleichzeitig waren sie Testkaninchen für eine ganze Batterie von physiologischen und psychologischen Tests: Als Modell für Langzeitastronauten führten sie Buch über ihre Schlafqualität und -muster, ihre Stimmung und Verhaltensänderungen. Chet May, der NASA-Wissenschaftler, hatte beobachtet und notiert, wie sich im Laufe der Zeit eine Routine des Zusammenlebens zwischen den Männern entwickelte und wie diese den Belastungen der Langzeit-Isolation standhielt – wertvolle Hinweise, die die NASA für zukünftige Weltraummissionen wie das Weltraumlabor Skylab auswertete.

Was ist geblieben?

Apollo 11 wird ein voller Erfolg – vor allem in seiner Öffentlichkeitswirkung. Den Erfolg der PX-15-Mission dagegen bekommt außer den Wissenschaftlern kaum jemand mit. Schon wenige Jahre nach der ersten Mondlandung und der ersten Langzeit-Drift verfliegt allerdings die Euphorie für die bemannte Erkundung von Weltraum und Ozean. Es herrscht Rezession und der Rotstift trifft gerade das teure Apollo-Programm schwer. Von den ursprünglich bis 1972 geplanten neun weiteren Apollo-Flügen werden nur noch sechs durchgeführt, fünf davon landen auf dem Mond, Apollo 13 muss wegen Problemen mit der Sauerstoffversorgung ohne Landung zurückfliegen. Auch wenn die Kosten für die PX-15 mit einer Million US-Dollar gemessen an den 14 Milliarden für Apollo geradezu Peanuts sind, werden auch hier die Forschungsgelder zusammengestrichen. Fortan heißt es nur noch: Bemannte Erkundung ist Luxus, Roboter und unbemannte Schiffe können das alles billiger, schneller und genauso gut.

Mit dem Niedergang der bemannten Erkundung stagniert auch die Karriere der Ben Franklin. Obwohl sie ihren Wert und ihre Eignung für Unterwasser-Forschungsfahrten eindeutig bewiesen hat, kommen keine Anschlussprojekte. Nach ein paar kleineren Tauchgängen kauft eine kanadische Firma das Unterseeboot, um damit Rohstoff-Lagerstätten vor der Küste zu erkunden. Doch die Franklin kommt nie zum Einsatz. 30 Jahre lang steht sie rostend auf einem Industriegrundstück, bis sie 2001 dann vom Vancouver Maritime Museum wiederentdeckt wird. Das Museum restauriert das alte Tauchboot und integriert es in eine interaktive Ausstellung zur Erkundung der Unterwasserwelt. Jim Delgado, der Museumsdirektor, hofft, die Vorstellungskraft und Begeisterung einer neuen Generation von potenziellen Ozeanforschern und Entdeckern anzuregen. Vielleicht, so sein Wunsch, führen diese einmal fort, was die Ben Franklin vor 40 Jahren begonnen hat. Denn noch immer gilt das Meer als einer der „weißen Flecken" auf der Landkarte der Erde. Noch sind viele Geheimnisse der Tiefsee und der Unterwasserwelt unerforscht und unentdeckt.

Müllkippe Meer – ein Ökodesaster mit Langzeitfolgen 15

Dieter Lohmann

Zusammenfassung

Lange galten die Weltmeere als Symbol für unberührte Weiten und als nahezu unerschöpflicher Quell des Lebens. Doch das war einmal. Ob Ölunfälle, Überfischung oder die Einleitung von Chemieabfällen – der Mensch hat längst massiv in dieses gewaltige Ökosystem eingegriffen und seine Spuren hinterlassen. In den Ozeanen der Erde gibt es aber noch ein weiteres Phänomen, das sich immer mehr als Ökodesaster entpuppt: Müll, genauer Plastikmüll. Dabei geht es nicht um einzelne Babyschnuller, PET-Flaschen oder Tupperdosen, sondern um gewaltige, zusammenhängende Müllteppiche, die manchmal sogar die Größe Deutschlands oder Zentraleuropas erreichen. In einigen Meeresregionen haben sich riesige Müllstrudel gebildet, die wie von Geisterhand getrieben ihre Kreise ziehen und dabei im Wasser treibende Plastikteile geradezu magisch „ansaugen".

Die berüchtigtste schwimmende Müllhalde ist der Great Pacific Garbage Patch im Nordpazifik. Er soll nach Schätzungen von Experten bis zu 100 Millionen Tonnen Kunststoffabfall mit sich führen – Tendenz stark steigend. Doch wie kommen die ganzen Abfälle ins Meer? Warum entstehen in manchen Regionen solche überdimensionalen Müllansammlungen? Wie gefährlich ist die Plastiksuppe für alles Leben im Meer, aber auch für uns Menschen? Und vor allem: Was kann man gegen das Müllproblem tun? Diese und viele andere Fragen versuchen Meeresforscher seit einiger Zeit zu beantworten – nicht immer mit Erfolg ...

Ein Superhighway aus Plastikmüll

Honolulu im Sommer 1997. Der amerikanische Skipper Charles J. Moore hat gerade eine mehr als 4000 Kilometer lange Segelregatta von Los Angeles nach Hawaii hinter sich, bei der er mit seiner Besatzung auf dem Siegertreppchen gelandet ist. Nachdem sich Moore und seine Männer von den Strapazen des alljährlich stattfindenden Transpacific Yacht Race (Transpac) erholt haben, wollen sie zurück nach Hause. Sie entscheiden sich für einen Kurs, der deutlich kürzer ist als der Hinweg, dafür aber durch ein Gebiet im Pazifik führt, der von Seglern normalerweise lieber gemieden wird: die Rossbreiten. Diese Regionen zwischen 30° und 35° nördlicher sowie südlicher Breite sind bekannt für ihre Hochdruckgebiete, ihre Regenarmut und vor allem für ihre Windstille. Es kann vorkommen, dass Segelboote hier aufgrund einer massiven Flaute stunden-, tage- oder sogar wochenlang festliegen.

Dennoch geht die Crew das Risiko ein und wählt diese Route. Auch Moore & Co bleiben auf ihrem Heimweg nicht gänzlich von den Unbilden des Wetters verschont. Doch trotz manchmal nervigen Windmangels kommen sie langsam vorwärts. Mehr als 1500 Kilometer vor der US-amerikanischen Westküste stoßen sie inmitten des Pazifiks schließlich auf ein Phänomen, dass sie noch viel mehr irritiert als die anhaltende Flaute: Zivilisationsmüll. Sind es zunächst nur einzelne Plastikstücke, die auf dem Meer schwimmen, werden es nach und nach immer mehr. Schließlich sind die Kunststoffteile über und unter Wasser so zahlreich, dass sie einen nahezu unendlich scheinenden Teppich bilden, einen „Superhighway aus Müll", wie Moore später sagt.

„Als ich vom Deck auf die Oberfläche von dem starrte, was eigentlich ein unberührter Ozean sein sollte, konnte ich, soweit das Auge reichte, nur Plastik sehen. Es schien unglaublich, aber ich fand nirgendwo auch nur einen einzigen freien Flecken", beschreibt der Skipper später in einem Bericht für das *Natural History Magazine* seine Beobachtungen. Doch der Müll ist nicht nur eine Momentaufnahme, sondern er verfolgt das Segelboot eine ganze Woche lang. Dazu Moore: „Egal zu welcher Tageszeit ich nachsah, Plastikmüll trieb überall herum: Flaschen, Plastikdeckel, Verpackungen, Bruchstücke."

Nachdem er mit seinem Schiff Alguita schließlich Festland erreicht hat, macht er seine Entdeckungen publik und sorgt damit in Funk und

Fernsehen für einen gehörigen Wirbel. Für einige Wissenschaftler jedoch ist Moores Bericht keine große Überraschung, sondern nur eine weitere Bestätigung ihrer eigenen Ergebnisse und Theorien. So hat die National Oceanic and Atmospheric Administration (NOAA), die Wetter- und Ozeanografiebehörde der USA, bereits im Jahr 1988 eine Studie vorgelegt, in der sie einen riesigen Müllstrudel im Nordpazifik vermutete. Dies beruhte auf zahlreichen Müllfunden zwischen Japan und der amerikanischen Westküste – teilweise wurden bis 300.000 Plastikteile pro Quadratkilometer aufgespürt. Moore ist jedoch vermutlich der erste Mensch, der das ganze Ausmaß der schwimmenden Mülldeponie mit eigenen Augen „live" gesehen und medienwirksam beschrieben hat. Erst danach wird das Problem auch von der Weltöffentlichkeit registriert und ernst genommen. Und auch die Müllforschung in den Ozeanen nimmt richtig Fahrt auf.

Great Pacific Garbage Patch gibt Geheimnisse preis

Mittlerweile haben Wissenschaftler wie der US-amerikanische Ozeanograph Curtis Ebbesmeyer viele Rätsel um den Müllteppich im Nordpazifik gelöst – zumindest ansatzweise. So liegt der sogenannte „Great Pacific Garbage Patch" etwa zwischen 135° und 155° westlicher Länge und zwischen 35° und 42° nördlicher Breite und ist höchstwahrscheinlich die größte zusammenhängende Müllhalde der Erde. Welche Ausmaße die schwimmende Deponie jedoch tatsächlich hat, weiß man trotz zahlreicher Expeditionen in das Gebiet bis heute nicht genau. Ozeanografen schätzen aber, dass zwischen 700.000 und mehr als 15 Millionen Quadratkilometer Fläche von ihr bedeckt sind. Im Minimalfall wäre der Great Pacific Garbage Patch damit etwa zwei Mal so groß wie Deutschland. Weitgehend unbekannt ist auch wie viel Müll – fast ausschließlich Plastik – dort tatsächlich herumtreibt. Von mehreren Millionen bis zu erstaunlichen 100 Millionen Tonnen scheint nach Ansicht der Forscher alles möglich zu sein.

Viel weiter ist man dagegen schon bei der Frage, warum sich die marine Müllhalde genau an dieser Stelle des Pazifiks befindet. Denn dort erzeugt ein riesiges Hochdruckgebiet einen gigantischen Meeresstrudel – den Nordpazifikwirbel oder North Pacific Gyre –, der sich im

Uhrzeigersinn dreht und sich aus dem Kreislauf aufsteigender warmer subtropischer Luftmassen und absinkender kühlerer Luftmassen speist. Anders als an den Küsten, wo die Meeresströmung stark vom Küstenverlauf beeinflusst wird, ist die Strömung im freien Ozean abhängig von den direkt darüber liegenden Luftmassen.

Meeresforscher gehen davon aus, dass jede Plastiktüte, jede Gummiente, jede ausrangierte Zahnbürste, die in den Nordpazifik gelangt, letztlich von der Strömung des Strudels erfasst wird und in dem riesigen Müllteppich landet. Bis zu 16 Jahre lang kreisen hier Golfbälle, Turnschuhe, Plastikspielzeug und andere Kunststoffteile, bis das riesige Karussell sie – wenn überhaupt – wieder freigibt. Was in einem solchen Fall passiert, beschreibt der US-amerikanische Wissenschaftler Curtis Ebbesmeyer so: „Es bewegt sich wie ein riesiges Tier ohne Leine. Wenn das Tier in die Nähe von Land kommt, wie es das beispielsweise in Hawaii getan hat, dann ist das Ergebnis dramatisch. Das Tier übergibt sich, und du hast einen mit Plastik bedeckten Strand."

Eine Plastiktüte treibt im Ozean umher. Fische verwechseln solche Abfälle oft mit einer Qualle und verschlingen sie (© Ben Mierement, NOAA NOS)

Bewiesen ist längst auch, dass der Müllteppich im Meer wächst, und zwar beständig und schnell. Wie dick die Plastiksuppe ist, hat beispielsweise Charles J. Moore gezeigt. Aus dem ehemaligen Skipper ist längst ein überzeugter Ozeanograph geworden, der sogar ein eigenes Forschungsinstitut, die Algalita Marine Research Foundation mit Sitz in Long Beach, Kalifornien, gegründet hat. Jedes Jahr macht er sich auf zum Great Pacific Garbage Patch, um Studien durchzuführen und die Situation vor Ort zu erkunden. Dabei musste er bereits vor einigen Jahren feststellen, dass im Herzen des Müllstrudels auf jedes Kilogramm Plankton sechs Kilogramm Plastikmüll kamen. Mittlerweile jedoch hat sich die Situation dramatisch zugespitzt. Bei den aktuellsten Untersuchungen kam Moore auf Werte von 46:1 oder mehr.

Zuletzt haben im August 2009 Exkursionen mit den Forschungsschiffen „New Horizon" von der Scripps Institution of Oceanography und „Kaisei" vom Ocean Voyages Institute das Ausmaß der Verunreinigungen bestätigt. Bei hundert kontinuierlich durchgeführten Stichproben fanden die Forscher um Mary T. Crowley und Doug Woodring große Mengen an Plastikmüll, sowohl in verschiedenen Tiefen als auch bei unterschiedlichen Netzgrößen. Die Wissenschaftler konnten zudem zeigen, dass dort nicht nur große Plastikteile herumschwimmen, sondern auch unzählige winzige. Wie aber entsteht dieses Meereskonfetti? Die Kunststoffe werden im Wasser unter dem Einfluss von Sonne, Wind und Wellen mit der Zeit immer weiter zerkleinert, bis nur noch Schnipsel oder kleine Kügelchen übrig sind. Diese Plastikfragmente dümpeln meist unter der Wasseroberfläche herum und machen einen Großteil des Plastikmülls in den Ozeanen aus. Wissenschaftler vermuten, dass im Great Pacific Garbage Patch bis zu eine Million Teilchen pro Quadratkilometer Fläche im Wasser zu finden sind.

Sargassosee: ein Abfallkarussell im Nordatlantik

Der Great Pacific Garbage Patch im Nordpazifik ist einzigartig, er ist aber beileibe kein Einzelfall. Dies hat sich spätestens im Februar 2010 gezeigt. Denn auf dem Ocean Sciences Meeting in Portland im US-Bundesstaat Oregon meldeten sich Wissenschaftler um Kara Lavender Law von der Sea Education Association (SEA) mit neuen Erkenntnissen zu Wort. Und diese haben es in sich. In einer seit 20 Jahren laufenden Studie konnten sie einen Müllstrudel im Atlantik identifizieren, der dem Great Pacific Garbage Patch verblüffend ähnelt – sowohl was seine Größe als auch die Zusammensetzung betrifft. Von den insgesamt 6100 Proben, die mithilfe von feinmaschigen Schleppnetzen in der Karibik und im Nordatlantik gewonnen wurden, war nach Angaben der Forscher mehr als der Hälfte mit Plastikteilen verunreinigt – vor allem winzige Partikel von bis zu einem Zentimeter Größe.

Doch das war noch längst nicht alles. Wie Law weiter berichtete, stießen die Forscher ziemlich weit nördlich im Atlantik auf eine Region, in der der Abfall nicht nur hochkonzentriert, sondern auch zeitlich sehr beständig zu finden ist. „Mehr als 80 Prozent des Plastiks, die wir bei den Schleppnetzaktionen gesammelt haben, fanden wir zwischen 22° und 38° nördlicher Breite", erläutert Law. Das Gebiet gehört zur Sargasso-See, einem Areal, das nordatlantische Meeresströmungen wie der Kanarenstrom, der Nordatlantikstrom oder der Golfstrom im Uhrzeigersinn umkreisen. Relativ windstill ist es hier und es gibt nur schwache Wasserbewegungen – perfekt für die Bildung eines Müllteppichs. Die höchste Kunststoffdichte betrug nach Angaben der Meeresforscher erstaunliche 200.000 Plastikteile pro Quadratkilometer – von der weggeworfenen Folie oder Tupperdose bis hin zu den kleinen Plastikkügelchen, den Grundbausteinen vieler Kunststoffprodukte. Doch noch gibt es – ähnlich wie beim Great Pacific Garbage Patch – auch viele Rätsel um den neuen Müll-Mahlstrom zu lösen. So können die Forscher die tatsächliche Ausdehnung auch hier nur ansatzweise schätzen. Und auch die Wege des Abfalls in den Strudel sind nicht im Detail bekannt. Ebenfalls noch klären müssen die Ozeanografen, welche Auswirkungen der Plastikmüll auf die Ökosysteme des Meeresgebiets hat.

Doch gibt es in den Weltmeeren noch mehr solcher Flecken, in denen sich längst Müllstrudel gebildet haben könnten? Ja, sagen Wissenschaftler um Nikolai Maximenko von der Universität von Manoa. Mithilfe von Computersimulationen basierend auf einem Modell der Meeresströmungen haben sie mittlerweile weitere potenzielle Krisengebiete identifiziert. Alle befinden sich in Regionen, wo die Meeresströmungen ausgesprochen schwach sind. „Einige dieser Flächen sind vermutlich wie Schwarze Löcher", so Maximenko im Jahr 2009. „Was einmal darin gefangen ist, wird niemals wieder entkommen." Zwei der Müllstrudel-Kandidaten liegen in der Nähe von Südamerika. Einer könnte sich westlich von Zentralchile im Pazifik drehen, der andere erstreckt sich vielleicht von Argentinien quer über den Atlantik bis fast nach Südafrika hin. Bisher jedoch liegen nach Angaben von Maximenko noch keine gesicherten Untersuchungen zu den Abfallmengen in diesen Regionen vor.

Müll auch in Mittelmeer und Nordsee

Ebenfalls mit einem massiven Vermüllungsproblem zu kämpfen hat das Mittelmeer – wenn auch nicht in Form gewaltiger Müllstrudel. Nach Berechnungen der Meeresschutzorganisation GreenOcean schwimmt dort durchschnittlich alle 80 Meter ein größeres Stück Plastik im Wasser. Hinzu kommt der Plastikmüll, der unter der Oberfläche treibt oder sich auf dem Meeresboden ansammelt. „Wir kamen innerhalb der vergangenen fünf Jahre bei Untersuchungen und Unterwasserarbeiten darauf, dass wir allein im Mittelmeer bis zu 200 Millionen Tonnen Ablagerungen an Kunststoffmüll haben", sagt Robert Groitl von Green Ocean im Oktober 2008 in einem Bericht für die 3sat-Sendung Nano.

Ähnlich sieht es in den heimischen Meeresgewässern aus. Auch sie sind längst zu gigantischen Müllhalden verkommen. Das sagt zumindest der Naturschutzbund Deutschland (NABU) und er hat auch konkrete Zahlen parat. Demnach wird allein die Nordsee jährlich mit 20.000 Tonnen Plastikmüll überflutet. Tendenz auch hier stark steigend. Vermutlich befinden sich inzwischen bis zu 600.000 Kubikmeter Müll auf dem Meeresboden des ohnehin überstrapazierten kleinen Randmeeres. „Was wir an den Küsten und auf dem Wasser sehen, ist nur die Spitze des Eisbergs. Mehr als 70 Prozent des Mülls sinkt zum Meeresboden und bleibt unseren Augen verborgen", erklärt der NABU-Meeresexperte Kim Detloff.

Nordpazifik, Nordatlantik, Mittelmeer, Nordsee: Kaum eine Meeresregion weltweit scheint vor unserem Zivilisationsmüll sicher. Das ist aber auch kein Wunder, denn eine Studie des Umweltprogramms der Vereinten Nationen (UNEP) hat gezeigt, das insgesamt sagenhafte 6,4 Millionen Tonnen Plastikmüll in den Ozeanen landen – jährlich. Hinzu kommt anderer Abfall wie Blechdosen, Glas oder ausrangierte Metallteile. Die Frage, wie der Abfall ins Meer gelangt, ist längst geklärt. Wissenschaftliche Untersuchungen haben ergeben, dass vor allem Flüsse als Mülltaxis fungieren. Erstaunliche 80 Prozent des Kunststoffs gelangen mit ihrer Hilfe in die Ozeane weltweit.

Der Rest des Plastikmülls stammt von Handelsschiffen, Bohrinseln, Ausflugsbooten oder Kreuzfahrtschiffen. Und dies obwohl die „International Convention for Preservation of Pollution from Ships" der internationalen Seeschifffahrtsbehörde (IMO) in der Anlage V ausdrücklich jegliche Entsorgung von Kunststoffen im Meer unter Strafandrohung verbietet. Stattdessen soll der anfallende Müll in den Häfen abgeliefert und entsorgt werden. Doch das ist vielen Schiffseignern nicht nur zu mühsam, sondern auch zu teuer. Oft genug wird Kunststoffabfall deshalb an Bord zusammen mit Biomüll geschreddert und dann illegal entsorgt. Doch Plastik ist in der Regel ausgesprochen haltbar und verrottet nur langsam. Je nach Zusammensetzung kann der Abbauprozess zum Teil mehrere hundert Jahre dauern. Kein Wunder, dass die Plastikinvasion der letzten rund 50 Jahre für viele Meeresorganismen eine elementare Bedrohung darstellt.

Plastiktüten und Geisternetze als Killer

Der Müll in den Meeren ist nicht nur ein riesiges Umweltproblem, er stellt auch für die oftmals fragilen Ökosysteme mit ihren einzigartigen Tier- und Pflanzenwelten eine enorme Bedrohung dar. Ein Beispiel nennt Rusty Brainard von der National Oceanic and Atmospheric Administration (NOAA): „Der Great Pacific Garbage Patch im Nordpazifik enthält neben vielen Plastik-Kleinteilen auch eine große Menge an Fischernetzen, die die Ökosysteme rund um die Hawaii-Inseln zerstören." Denn in diesen Geisternetzen, die absichtlich oder unabsichtlich über Bord gegangen sind, verfangen sich im Laufe der Zeit immer mehr Fische. Wird das Gewicht irgendwann zu groß, sinkt die Fischfalle samt Inhalt zu Boden und der Fang wird nach und nach zersetzt. Danach steigt das Netz wieder auf und das ganze Spielchen beginnt von vorn.

Mindestens ebenso gefährlich wie herrenlose Fischernetze ist der Plastikabfall am Meeresgrund. Dort angelangt, bildet er vielerorts dicke Schichten und schränkt den Stoffaustausch zwischen dem Wasser und den Organismen im Sediment ein. Oder er erstickt gleich alles Leben unter einem luftdichten Leichentuch. Doch auch der Plastikmüll an der Wasseroberfläche hat es in sich. Vögel oder Robben verheddern sich heillos in Kunststoffringen und Schnüren und ersticken. Delfine, Wale und andere Tiere fressen dagegen Tüten oder Folien, weil sie sie für Futter halten. So wie die Meeresschildkröte *Caretta caretta*, die solchen menschengemachten Meeresmüll für eine ihrer Leibspeisen hält: Quallen. Einmal heruntergeschlungen, sorgt das unverdauliche Plastik bei den Tieren im besten Fall nur für Blähungen oder Magendrücken. Es kann aber auch einen tödlichen Darmverschluss bewirken oder das Hungergefühl unterdrücken. Die Tiere nehmen dann in der Folge nicht genug Nahrung zu sich und sterben an Unterernährung.

Fliegende Mülltonnen nennt deshalb der Wissenschaftler Jan van Franeker vom Forschungsinstitut ALTERRA auf der niederländischen Nordseeinsel Texel sein wichtigstes Forschungsobjekt: den Eissturmvogel *Fulmarus glacialis*. Und das hat seinen Grund. Vor ein paar Jahren hat er nahezu 600 tot aufgefundene Tiere dieser Art aus dem Nordseeraum seziert und ihren Mageninhalt untersucht. Die Ergebnisse waren ebenso erstaunlich wie beunruhigend: Rund 95 Prozent aller Eissturmvogel hatten Plastik im Bauch. Im Schnitt 44 Teilchen mit einem Gewicht von 0,33 Gramm. „Den traurigen Rekord hält ein Vogel aus Belgien mit 1600 Plastikstücken im Bauch", sagt van Franeker im Greenpeace-Magazin. „Viele Tiere schlucken den Kunststoff, weil sie ihn mit Fischabfällen verwechseln, die im Kielwasser von Trawlern treiben."

Wirken schon diese wenigen Fallbeispiele ausgesprochen bedrückend, so gilt das erst recht bei einem Blick auf die Gesamtbilanz zu den Folgen des Plastikmülls in den Meeren. Die International Union for Conservation of Nature and Natural Resources (IUCN), die Weltnaturschutzunion, hat sie aufgestellt und danach fallen vermutlich rund eine Million Seevögel und 100.000 Meeressäuger dem Zivilisationsmüll zum Opfer – jährlich.

Bei diesem Skelett eines toten Albatross sieht man noch seinen Mageninhalt: lauter Plastikmüll (© USGS/Forest & Kim Starr)

Bisphenol A, POPs und noch viel mehr

Plastikmüll hat für Meeresorganismen nicht nur direkte und handfeste Folgen wie Ersticken oder Verhungern bei prall gefülltem Magen, er stellt offenbar auch eine schleichende Gefahr dar. Darauf deuten jedenfalls neue Ergebnisse hin, die japanische Wissenschaftler auf dem Treffen der American Chemical Society in Washington 2009 vorgestellt haben. Die Forscher um Katsuhiko Saido von der Nihon Universität in Chiba konnten in einer neuen Studie zeigen, dass bestimmte Kunststoffabfälle unter den Bedingungen des freien Ozeans schneller zerfallen als bisher gedacht. „Kunststoffe aus dem alltäglichen Leben werden allgemein als sehr stabil eingeschätzt. Wir haben nun gezeigt, dass Plastik im Meer zügig abgebaut wird, wenn er der Sonne, Regen oder anderen Umwelteinflüssen ausgesetzt ist", erklärte Saido den anwesenden Kollegen.

Das Zerfallen allein wäre nicht so dramatisch, dabei wird nach den Erkenntnissen der Umweltchemiker aber unter anderem auch Bisphenol A frei. Die Chemikalie steht im Verdacht, das Hormonsystem von Tieren massiv zu stören und Erbgutveränderungen auszulösen. Bisphenol A dient unter anderem als Ausgangsstoff zur Produktion von sogenannten Epoxidharzen und Polycarbonaten und ist beispielsweise in Babyfläschchen, Plastikschüsseln und Folienverpackungen in größeren Mengen enthalten. Zu den von den Forschern nachgewiesenen Substanzen gehören auch andere Umweltgifte wie Styrolmonomere, die eine krebsauslösende Wirkung haben können. „Damit haben wir eine neue Quelle globaler Kontamination enthüllt, die auch in Zukunft vorhanden sein und stark zunehmen wird.", prognostizierte Saido auf der Veranstaltung in Washington.

Sorgen macht Wissenschaftlern und Umweltschützern darüber hinaus, dass sich die Kunststoffabfälle – vor allem die winzig kleinen Plastikteilchen – längst als regelrechte „Fallen" für Dauergifte wie DDT oder PCB entpuppt haben. Aufgrund ihrer chemischen Eigenschaften können sich diese bei uns längst verbotenen Persistant Organic Pollutants (POPs) an die Abfallpartikel problemlos anlagern. Und das so lange, bis eine millionenfach erhöhte Konzentration im Vergleich zum umgebenden Meerwasser erreicht ist, wie japanische Forscher um Hideshige Tanaka von der Universität Tokio zusammen mit Kollegen von der Universität von Plymouth betonen. Was passiert, wenn Meeresorganismen diese winzig kleinen Giftbomben fressen, ist bis jetzt noch nicht endgültig geklärt. Erste wissenschaftliche Untersuchungen haben aber gezeigt, dass die POPs unter den im Magen und Darm vieler Tiere herrschenden Bedingungen wieder frei werden könnten. Die Umwelt- und Naturschutzorganisation Greenpeace dagegen befürchtet noch andere, mindestens ebenso dramatische Folgen durch die Freisetzung der toxischen Substanzen: „Meerestiere, die dieses Plastik mit Nahrung verwechseln und fressen, speichern die Gifte in ihrem Körper. Über Beuteorganismen erreicht die Giftbelastung auch ihre Jäger. Menschen und Tiere am Ende der Nahrungskette erhalten die höchste Dosis dieser Gifte."

Der Kampf gegen das Plastik

Erdrosselte Robben, Schildkröten mit tödlicher Verstopfung und jede Menge Umweltgifte in der Nahrungskette: Der Plastik-Boom in den

Meeren hat sich längst zu einem ökologischen Dilemma für Mensch und Natur entwickelt. Doch was kann man tun, damit der Zivilisationsmüll dort wieder verschwindet? Und wie verhindert man, dass anschließend immer neues Plastik in den Ozeanen landet? Mit diesen Fragen beschäftigen sich Wissenschaftler und Umweltschützer schon seit längerem – bisher allerdings ohne durchschlagenden Erfolg.

Denn klar ist: Einfache und schnelle Patentlösungen gibt es nicht. So ist ein simples Abschöpfen der Plastiksuppe etwa mit extrem feinmaschigen Netzen heute nicht einmal ansatzweise möglich. Dazu sind die Müllmengen in den Ozeanen nicht nur viel zu groß, es würden dabei auch unzählige Tiere wie Krebse oder Plankton mit entsorgt, die längst die neue Plastikwelt im Meer als Lebensraum erobert haben. Und Kapazitäten, den geborgenen Abfall fachmännisch zu entsorgen, existieren auch nicht. Als ebenso wenig realisierbar gilt unter Experten auch ein anderer Vorschlag: Sperren oder andere Rückhaltemethoden an den Flussmündungen, die den im Wasser mitgeführten Plastikmüll abfangen. Dies scheitert nicht nur an der notwendigen Technik, sondern auch an den Behinderungen, die das für den internationalen Schifffahrtsverkehr mit sich bringen würde.

Doch was dann? Zunächst einmal müssten nach Ansicht vieler Experten die bestehenden gesetzlichen Regelungen zum Schutz der Meere konsequenter überwacht und Zuwiderhandlungen drastischer bestraft werden. Nach dem Motto „Kleinvieh macht auch Mist" werden in vielen Ozeananrainerstaaten zudem regelmäßig Strandsäuberungen durchgeführt. Auf ein ähnliches Prinzip mit Hilfe von Fischern setzt ein Pilotprojekt der Meeresschutzorganisation GreenOcean. Sie kauft in den italienischen Städten Calambrone und Livorno Fischern ihren Plastik-Beifang ab, der dann anschließend ordnungsgemäß entsorgt wird. Die Naturschützer wollen so verhindern, dass die Fischer Kunststoffabfälle, die sich in ihren Netzen befinden, noch auf hoher See wieder über Bord werfen. Doch solche Maßnahmen wie von GreenOcean erscheinen vielen zwar sinnvoll und hilfreich, aber sie sind bei den im Meer vorhandenen Müllmengen eben doch nur der berühmte „Tropfen auf den heißen Stein". Sie packen zudem das Übel nicht bei der Wurzel, sondern doktern lediglich an den Symptomen herum. Viel wichtiger wäre es, die Kunststoffproduktion nachhaltiger zu gestalten und parallel dazu das Plastikrecycling weltweit zu fördern.

Viele Hoffnungen ruhen beispielsweise auf biologisch abbaubaren Kunststoffen. Babyschnuller, Spoiler, Zahnbürsten, Plastiktüten oder Tupperdosen, die relativ schnell von selbst verrotten oder kompostierbar sind: Das hätte was und würde auch das Müllproblem in die Meeren sicher gravierend verringern. Doch noch sind bei der Herstellung von umweltfreundlichen Kunststoffen zahlreiche Hindernisse zu überwinden. Zwar gibt es beispielsweise längst Mulchfolien aus bioabbaubarem sogenannten PLA-Blend-Bio-Flex, bei vielen anderen Plastikerzeugnissen muss die Umweltfreundlichkeit jedoch mit schlechteren Materialeigenschaften erkauft werden. Auch deshalb hinkt die Weltproduktion an biologisch abbaubaren Kunststoffen hinter der von Standardkunststoffen hinterher. Gerade mal 300.000 Tonnen waren es beispielsweise im Jahr 2007. Zum Vergleich: Im gleichen Zeitraum wurden 240 Millionen Tonnen herkömmliche Plastikprodukte erzeugt.

Bis das Müllproblem in den Meeren gelöst werden kann, wird es deshalb wohl noch eine Weile dauern. Noch hapert es in der Industrie und bei vielen Politikern an der nötigen Einsicht und dem Willen. Vielleicht helfen ja Apelle wie die von Charles J. Moore dabei, die Menschheit wachzurütteln: „Nur die Beseitigung der Quelle des Problems kann zu einem Ozean frei von Plastik führen. [...] Der Kampf, die Art und Weise zu verändern wie wir Plastik produzieren und konsumieren, hat gerade erst begonnen, doch ich glaube es ist wichtig ihn jetzt zu führen." Und er sagt auch warum: „Die Mengen an Plastikteilen beispielsweise im Pazifik haben sich in den letzten zehn Jahren verdreifacht und eine zehnfache Steigerung in der nächsten Dekade ist nicht unwahrscheinlich. Dann würde 60 Mal so viel Kunststoffmüll wie Plankton im Meer treiben."

Sachverzeichnis

A
Aal, 176
Abwasser, 87
Albedo, 149
Alge, 138
Algenblüte, 145, 151, 164
Antarktis, 17, 20
Archaebakterien, 35
Architeuthis, 76, 77
ArcOD, 12
ArcOD-Projekt, 17
Arenicola marina, 158
Arktis, 17
Artenschutz, 12
Artenvielfalt, 20, 111, 145, 162
Artname, 10
Asphalt, 43, 44
Asphaltvulkan, 41, 47, 49
Asthenosphäre, 61
Ästuar, 156
Atoll, 110
Aufwuchsorganismus, 85
Ausbeutung, 37
autonomes Unterwasservehikel, 4
Autonomous Underwater Vehicle, 56

B
Bahamas, 170
Bakterien, 20, 28, 30, 33, 48, 50, 73, 164
Barriere-Riff, 110
Bathyscaphen Trieste, 52, 56

Bausteine des Lebens, 35
Bermuda-Dreieck, 167, 171
Bermuda-Inseln, 79, 174
Biodiversität, 16
Biologger, 6
Biolumineszenz, 124, 128, 145
Biomasse, 143, 157
Biotechnologie, 37
Bisphenol A, 202
Black Smoker, 23
Blaugeringelte Krake, 72
Blauringkrake, 69
Blow-Out, 173
Bodenschätze, 36
Brachiopoden, 96
Braunalge, 175

C
CAML, 12
CAML-Projekt, 17
Campeche Knolls, 42, 45
CeDAMar, 15
CenSeam, 4
Census of Marine Life, 1, 16, 19, 175
Challenger-Seamounts, 88
Challengertief, 57, 60
Chemosynthese, 48
Chlorophyll, 138
Christoph Kolumbus, 171
Chromatophore, 69
Cold Seeps, 43

D

Darwin Mounds, 101
Dauerstadium, 144
Deep Scattering Layer, 190
Diapir, 44
Diatomeen, 141
Dinoflagellaten, 144
Diversität, 12
DNA, 38, 77
DNA-Analyse, 9, 17, 20, 58
DNA-Barcoding, 11
DNA-Datenbank, 12
Dornenkronen-Seestern, 115
Druck, 45, 54
Dünenbildung, 156

E

Eisfläche, 17
Eiskristall, 136
Eiszeit, 90
El Nino, 29, 114
Enzym, 37
Erbgut, 11
Erdkruste, 54
Erdöl, 14, 16, 44
Erosionsspur, 90
Eruption, 44
Erzabbau, 36
Euphausia superba, 148

F

Fächerecholot, 42, 49
Farbpigment, 69
Fisch, 100, 112
Fischerei, 129
Fischernetz, 200
Flohkrebs, 18, 19, 85, 147
Foraminifere, 57, 146
Forschungsschiff Sonne, 41
Freak Wave, 174
Frostschutzmittel, 139, 149

G

Galapagos-Inseln, 24, 74
Gas, 62
Gashydrat, 41, 50, 173
Gemeine Krake, 69
Generationswechsel, 126
genetische Vielfalt, 78
Gezeiten, 86, 153
Giftstoff, 34
Gold, 36
Golf von Mexiko, 41, 49
Golfstrom, 80, 177, 181, 189
Government Quarry Cave, 88
Great Barrier Reef, 97, 103, 111, 112
Great Pacific Garbage Patch, 193, 195
Green Bay Cave, 81, 87
Grünalge, 164

H

Hadal, 59
Hai, 6, 21, 113, 179
Heilmittel, 38
Herzmuschel, 157
Hitze, 34
Hochseefischerei, 100
Höhlentaucher, 79, 82
Höhlentier, 85
Hotspot, 61
hydrothermale Zirkulation, 27
hydrothermaler Schlot, 13, 24, 25, 29, 30, 33, 34

I

innertropischen Konvergenzzone, 172

J

Jacques Piccard, 51, 183
James Cook, 104
Japangraben, 60

K

Kalksteinhöhle, 79
Kalmar, 67
Kaltwasserkoralle, 93, 99
Kalziumkarbonat, 99, 101, 107
Karbonatsättigung, 101

Kartierung, 42
Katalysator, 35
Kegelrobbe, 159
Ken Haigh, 183
Kiemenherz, 66
Kieselalge, 139, 141, 156
Kieselgur, 142
Klimawandel, 102, 115, 150
Knutt, 159
Kompass, 172
Kontamination, 203
Kontinentalrand, 96, 97
Kontinentalschelf, 189
Kopffüßer, 65
Koralle, 104, 111
Korallenbleiche, 114
Korallenpolyp, 107, 108
Korallenriff, 5, 80
Körncheneis, 136
Krabbenfresser-Robbe, 17
Krake, 65
Kreislauftauchgerät, 5, 82
Krill, 148
Kupfer, 36, 87

L

Lagune, 104, 110
Languste, 20
Langzeit-Drift, 192
Larsen-Schelfeis, 18
Laugenkanal, 138, 140
Lava, 28, 47
lebendes Fossil, 85
Leuchtorgan, 75
Linsenauge, 69
Lophelia pertusa, 97

M

Magma, 26
Mandränke, 165
Marianengraben, 52, 57
Matthew Flinders, 104
Medusa, 125
Meereis, 135, 138, 147, 149

Meeresleuchten, 145
Meeresspiegel, 80, 104
Meeresströmung, 175, 198
Meeresverschmutzung, 100
Melanin, 67
Mesoscaphe, 184
Methan, 16, 27, 41, 43, 48, 50, 164, 173
Miesmuschel, 157
Mikroalge, 157
Mikrobe, 59
Mimic Octopus, 70
Mineral, 26, 27
Mischwatt, 154
Mittelatlantischer Rücken, 13
Mittelmeer, 199
Mittelozeanischer Rücken, 24, 25, 37, 38
Müllstrudel, 195, 198
Muschel, 31

N

Nacktschnecke, 147
NaGISA, 5
Nährstoff, 59
Nahrungsarmut, 16
Nahrungskette, 27, 145, 146, 148
NASA, 182
Nationalpark Wattenmeer, 161
Nautilus, 65
Nervengift, 131
Nesselzelle, 124, 131
Nische, 16
Nordatlantik, 97
Nordpol, 16
Nordpolarmeer, 135
Nordsee, 152, 164, 199
North Pacific Gyre, 195

O

Octopus, 65, 72
Ölverschmutzung, 163
Osedax, 14
Ozeanchemie, 27
Ozeanographie, 181

P

Packeis, 148
Passatwinde, 172
Persistant Organic Pollutant (POP), 203
Petit Spots, 60
Pfannkucheneis, 136
Pflanzenschutzmittel, 117
Pharmaindustrie, 37
Phosphatdünger, 117
Photosynthese, 99, 107, 140, 144
Plankton, 99, 107, 143, 146
Plastikmüll, 193, 197, 201, 202, 204
Plattentektonik, 54
Plattfische, 159
Plattformriff, 110
Plume, 28
Polardorsch, 149
Polarforscher, 17
Polarmeer, 145
Polarstern, 18
Polyp, 125
Pop Up Archive Tags (PAT), 7
Portugiesische Galeere, 128, 132
psychrotolerante Bakterien, 141
PX-15, 181

Q

Qualle, 121, 127
Quallenepidemie, 129
Quecksilber, 27
Queller, 155, 160

R

Rebreather, 82
Remotely Operated Vehicle (ROV), 56
Rhodolith-Bank, 6
Riesenaxon, 68
Riesenbartwurm, 31, 33, 38
Riesenhai, 78, 179
Riesenkalmar, 76
Riesenwelle, 174
Riff, 93, 99, 104
Riffbildner, 99
Riffdach, 110
Riffsanierung, 117
Röhrenwurm, 14, 31, 33, 48
Rossbreiten, 172
Rote Tide, 145
Rotfeuerfisch, 112
Rückstoßprinzip, 67, 131
Ruderfußkrebs, 147

S

Salz, 137, 140, 160
Salzstock, 42, 44
Salzwasserhöhle, 88
Salzwiese, 155
Sandwatt, 154
Sargassofisch, 178
Sargassosee, 19, 167, 174, 176, 198
Sargassum, 175
Sauerstoffzehrung, 59
Saugnapf, 76
Säuleneis, 137
Saumriff, 104, 110
Schelfeis, 136
Schifffahrts, 162
Schildkröte, 6
Schlamm, 15
Schleppnetze, 100
Schlick, 153
Schlickwatt, 155
Schlot, 36
Schulp, 66
Schwarm, 21
Schwarzer Fleck, 164
Schwarzer Raucher, 24, 28, 47
Schwefelbakterien, 30, 33, 35, 37
Schwefelwasserstoff, 27
Schweinswale, 160
Seamounts, 13
Sediment, 59, 157
Sedimentfalle, 60
Seegras, 160
Seehund, 159
Seewespe, 112, 128, 130
Sequenzierung, 12
Sidemounts, 81

Silber, 36
Sipho, 67
Smart Position and Temperature Tags, 6
Sonar, 83, 183, 188, 190
Staatsqualle, 124, 128, 132
Stalagmit, 81
Stalagtit, 81
Steinfisch, 113
Steinkoralle, 96, 102, 107
Strandflieder, 155
Strandgrasnelke, 155
Strudelwurm, 147
Sturmflut, 165
Sturmvögel, 20
Stygobit, 85
Subduktionszone, 54, 61
Südpolarmeer, 16, 135, 149
superkritisches Wasser, 45
Symbiose, 31, 73, 107, 114, 146

T
Tagging of Pacific Predators (TOPP), 6
Tauchboot JAGO, 94
Tauchroboter, 3, 56, 83
Tauchroboter QUEST, 49
Taxonomen, 10
Tentakel, 124
Tetrodotoxin, 73
Thaumoctopus mimicus, 68, 70
Tiefdruckrinne, 172
Tiefsee, 13, 24, 30, 35, 42, 43, 53, 86, 124
Tiefseefauna, 15
Tiefseegraben, 4, 51, 53
Tiefseerinne, 54
Tintenfisch, 63
Toleranzbreite, 109
Tourismus, 116, 161
Tourist, 87

Tucker's Town Cave, 86

U
U-Boot, 42
Unechte Karettschildkröte, 178
Unterseeboot, 183
Unterseevulkan, 80
Unterwasserhöhle, 79, 87
Unterwasservulkan, 43
Ursuppe, 34

V
Vampirtintenfisch, 74
Vampyroteuthis infernalis, 74
Vent, 24, 26
Versauerung, 101
Volkszählung, 2
Vorriff, 111
Vulkane, 61

W
Wanderung, 20
Wanderungsbewegung, 6, 176
Warften, 165
Wassertemperatur, 6, 18, 23, 54, 99, 108, 114
Wassertiefe, 7
Wattenmeer, 151, 154, 161
Wattwurm, 158
Weichkoralle, 90
Weißer Hai, 6
weißer Raucher, 26
White Shark Café, 6
Wirbelsturm, 29
Würfelqualle, 126, 131

Z
Zelle, 55
Zooxanthelle, 107

License: creative commons – Attribution-ShareAlike 3.0 Unported

THE WORK (AS DEFINED BELOW) IS PROVIDED UNDER THE TERMS OF THIS CREATIVE COMMONS PUBLIC LICENSE ("CCPL" OR "LICENSE"). THE WORK IS PROTECTED BY COPYRIGHT AND/OR OTHER APPLICABLE LAW. ANY USE OF THE WORK OTHER THAN AS AUTHORIZED UNDER THIS LICENSE OR COPYRIGHT LAW IS PROHIBITED.

BY EXERCISING ANY RIGHTS TO THE WORK PROVIDED HERE, YOU ACCEPT AND AGREE TO BE BOUND BY THE TERMS OF THIS LICENSE. TO THE EXTENT THIS LICENSE MAY BE CONSIDERED TO BE A CONTRACT, THE LICENSOR GRANTS YOU THE RIGHTS CONTAINED HERE IN CONSIDERATION OF YOUR ACCEPTANCE OF SUCH TERMS AND CONDITIONS.

1. Definitions

a. **"Adaptation"** means a work based upon the Work, or upon the Work and other pre-existing works, such as a translation, adaptation, derivative work, arrangement of music or other alterations of a literary or artistic work, or phonogram or performance and includes cinematographic adaptations or any other form in which the Work may be recast, transformed, or adapted including in any form recognizably derived from the original, except that a work that constitutes a Collection will not be considered an Adaptation for the purpose of this License. For the avoidance of doubt, where the Work is a musical work, performance or phonogram, the synchronization of the Work in timed-relation with a moving image ("synching") will be considered an Adaptation for the purpose of this License.

b. **"Collection"** means a collection of literary or artistic works, such as encyclopedias and anthologies, or performances, phonograms or broadcasts, or other works or subject matter other than works listed in Section 1(f) below, which, by reason of the selection and arrangement of their contents, constitute intellectual creations, in which the Work is included in its entirety in unmodified form along with one or more other contributions, each constituting separate and independent works in themselves, which together are assembled into a collective whole. A work that constitutes a Collection will not be considered an Adaptation (as defined below) for the purposes of this License.

c. **"Creative Commons Compatible License"** means a license that is listed at http://creativecommons.org/compatiblelicenses that has been approved by Creative Commons as being essentially equivalent to this License, including, at a minimum, because that license: (i) contains terms that have the same purpose, meaning and effect as the License Elements of this License; and, (ii) explicitly permits the relicensing of adaptations of works made available under that license under this License or a Creative Commons jurisdiction license with the same License Elements as this License.

d. **"Distribute"** means to make available to the public the original and copies of the Work or Adaptation, as appropriate, through sale or other transfer of ownership.

e. **"License Elements"** means the following high-level license attributes as selected by Licensor and indicated in the title of this License: Attribution, ShareAlike.

f. **"Licensor"** means the individual, individuals, entity or entities that offer(s) the Work under the terms of this License.

g. **"Original Author"** means, in the case of a literary or artistic work, the individual, individuals, entity or entities who created the Work or if no individual or entity can be identified, the publisher; and in addition (i) in the case of a performance the actors, singers, musicians, dancers, and other persons who act, sing, deliver, declaim, play in, interpret or otherwise perform literary or artistic works or expressions of folklore; (ii) in the case of a phonogram the producer being the person or legal entity who first fixes the sounds of a performance or other sounds; and, (iii) in the case of broadcasts, the organization that transmits the broadcast.

h. **"Work"** means the literary and/or artistic work offered under the terms of this License including without limitation any production in the literary, scientific and artistic domain, whatever may be the mode or form of its expression including digital form, such as a book, pamphlet and other writing; a lecture, address, sermon or other work of the same nature; a dramatic or dramatico-musical work; a choreographic work or entertainment in dumb show; a musical composition with or without words; a cinematographic work to which are assimilated works expressed by a process analogous to cinematography; a work of drawing, painting, architecture, sculpture, engraving or lithography; a photographic work to which are assimilated works expressed by a process analogous to photography; a work of applied art; an illustration, map, plan, sketch or three-dimensional work relative to geography, topography, architecture or science; a performance; a broadcast; a phonogram; a compilation of data to the extent it is protected as a copyrightable work; or a work performed by a variety or circus performer to the extent it is not otherwise considered a literary or artistic work.

i. **"You"** means an individual or entity exercising rights under this License who has not previously violated the terms of this License with respect to the Work, or who has received express permission from the Licensor to exercise rights under this License despite a previous violation.

j. **"Publicly Perform"** means to perform public recitations of the Work and to communicate to the public those public recitations, by any means or process, including by wire or wireless means or public digital performances; to make available to the public Works in such a way that members of the public may access these Works from a place and at a place individually chosen by them; to perform the Work to the public by any means or process and the communication to the public of the performances of the Work, including by public digital performance; to broadcast and rebroadcast the Work by any means including signs, sounds or images.

k. **"Reproduce"** means to make copies of the Work by any means including without limitation by sound or visual recordings and the right of fixation and reproducing fixations of the Work, including storage of a protected performance or phonogram in digital form or other electronic medium.

2. Fair Dealing Rights

Nothing in this License is intended to reduce, limit, or restrict any uses free from copyright or rights arising from limitations or exceptions that are provided for in connection with the copyright protection under copyright law or other applicable laws.

3. License Grant

Subject to the terms and conditions of this License, Licensor hereby grants you a worldwide, royalty-free, non-exclusive, perpetual (for the duration of the applicable copyright) license to exercise the rights in the Work as stated below:

a. to Reproduce the Work, to incorporate the Work into one or more Collections, and to Reproduce the Work as incorporated in the Collections;

b. to create and Reproduce Adaptations provided that any such Adaptation, including any translation in any medium, takes reasonable steps to clearly label, demarcate or otherwise identify that changes were made to the original Work. For example, a translation could be marked "The original work was translated from English to Spanish," or a modification could indicate "The original work has been modified.";

c. to Distribute and Publicly Perform the Work including as incorporated in Collections; and,

d. to Distribute and Publicly Perform Adaptations.

e. For the avoidance of doubt:

i. **Non-waivable Compulsory License Schemes**. In those jurisdictions in which the right to collect royalties through any statutory or compulsory licensing scheme cannot be waived, the Licensor reserves the exclusive right to collect such royalties for any exercise by You of the rights granted under this License;
ii. **Waivable Compulsory License Schemes**. In those jurisdictions in which the right to collect royalties through any statutory or compulsory licensing scheme can be waived, the Licensor waives the exclusive right to collect such royalties for any exercise by You of the rights granted under this License; and,
iii. **Voluntary License Schemes**. The Licensor waives the right to collect royalties, whether individually or, in the event that the Licensor is a member of a collecting society that administers voluntary licensing schemes, via that society, from any exercise by You of the rights granted under this License. The above rights may be exercised in all media and formats whether now known or hereafter devised. The above rights include the right to make such modifications as are technically necessary to exercise the rights in other media and formats. Subject to Section 8(f), all rights not expressly granted by Licensor are hereby reserved.

4. Restrictions

The license granted in Section 3 above is expressly made subject to and limited by the following restrictions:

a. You may Distribute or Publicly Perform the Work only under the terms of this License. You must include a copy of, or the Uniform Resource Identifier (URI) for, this License with every copy of the Work You Distribute or Publicly Perform. You may not offer or impose any terms on the Work that restrict the terms of this License or the ability of the recipient of the Work to exercise the rights granted to that recipient under the terms of the License. You may not sublicense the Work. You must keep intact all notices that refer to this License and to the disclaimer of warranties with every copy of the Work You Distribute or Publicly Perform. When You Distribute or Publicly Perform the Work, You may not impose any effective technological measures on the Work that restrict the ability of a recipient of the Work from You to exercise the rights granted to that recipient under the terms of the License. This Section 4(a) applies to the Work as incorporated in a Collection, but this does not require the Collection apart from the Work itself to be made subject to the terms of this License. If You create a Collection, upon notice from any Licensor You must, to the extent practicable, remove from the Collection any credit as required by Section 4(c), as requested. If You create an Adaptation, upon notice from any Licensor You must, to the extent practicable, remove from the Adaptation any credit as required by Section 4(c), as requested.

b. You may Distribute or Publicly Perform an Adaptation only under the terms of: (i) this License; (ii) a later version of this License with the same License Elements as this License; (iii) a Creative Commons jurisdiction license (either this or a later license version) that contains the same License Elements as this License (e.g., Attribution-ShareAlike 3.0 US); (iv) a Creative Commons Compatible License. If you license the Adaptation under one of the licenses mentioned in (iv), you must comply with the terms of that license. If you license the Adaptation under the terms of any of the licenses mentioned in (i), (ii) or (iii) (the "Applicable License"), you must comply with the terms of the Applicable License generally and the following provisions: (I) You must include a copy of, or the URI for, the Applicable License with every copy of each Adaptation You Distribute or Publicly Perform; (II) You may not offer or impose any terms on the Adaptation that restrict the terms of the Applicable License or the ability of the recipient of the Adaptation to exercise the rights granted to that recipient under the terms of the Applicable License; (III) You must keep intact all notices that refer to the Applicable License and to the disclaimer of warranties with every copy of the Work as included in the Adaptation You Distribute or Publicly Perform; (IV) when You Distribute or Publicly Perform the Adaptation, You may not impose any effective technological measures on the Adaptation that restrict the ability of a recipient of the Adaptation from You to exercise the rights granted to that recipient under the terms of the Applicable License. This Section 4(b) applies to the Adaptation as incorporated in a Collection, but this does not require the Collection apart from the Adaptation itself to be made subject to the terms of the Applicable License.

c. If You Distribute, or Publicly Perform the Work or any Adaptations or Collections, You must, unless a request has been made pursuant to Section 4(a), keep intact all copyright notices for the Work and provide, reasonable to the medium or means You are utilizing: (i) the name of the Original Author (or pseudonym, if applicable) if supplied, and/or if the Original Author and/or Licensor designate another party or parties (e.g., a sponsor institute, publishing entity, journal) for attribution ("Attribution Parties") in Licensor's copyright notice, terms of service or by other reasonable means, the name of such party or parties; (ii) the title of the Work if supplied; (iii) to the extent reasonably practicable, the URI, if any, that Licensor specifies to be associated with the Work, unless such URI does not refer to the copyright notice or licensing information for the Work; and (iv), consistent with Section 3(b), in the case of an Adaptation, a credit identifying the use of the Work in the Adaptation (e.g., "French translation of the Work by Original Author," or "Screenplay based on original Work by Original Author"). The credit required by this Section 4(c) may be implemented in any reasonable manner; provided, however, that in the case of a Adaptation or Collection, at a minimum such credit will appear, if a credit for all contributing authors of the Adaptation or Collection appears, then as part of these credits and in a manner at least as prominent as the credits for the other contributing authors. For the avoidance of doubt, You may only use the credit required by this Section for the purpose of attribution in the manner set out above and, by exercising Your rights under this License, You may not implicitly or explicitly assert or imply any connection with, sponsorship or endorsement by the Original Author, Licensor and/or Attribution Parties, as appropriate, of You or Your use of the Work, without the separate, express prior written permission of the Original Author, Licensor and/or Attribution Parties.

d. Except as otherwise agreed in writing by the Licensor or as may be otherwise permitted by applicable law, if You Reproduce, Distribute or Publicly Perform the Work either by itself or as part of any Adaptations or Collections, You must not distort, mutilate, modify or take other derogatory action in relation to the Work which would be prejudicial to the Original Author's honor or reputation. Licensor agrees that in those jurisdictions (e.g. Japan), in which any exercise of the right granted in Section 3(b) of this License (the right to make Adaptations) would be deemed to be a distortion, mutilation, modification or other derogatory action prejudicial to the Original Author's honor and reputation, the Licensor will waive or not assert, as appropriate, this Section, to the fullest extent permitted by the applicable national law, to enable You to reasonably exercise Your right under Section 3(b) of this License (right to make Adaptations) but not otherwise.

5. Representations, Warranties and Disclaimer

UNLESS OTHERWISE MUTUALLY AGREED TO BY THE PARTIES IN WRITING, LICENSOR OFFERS THE WORK AS-IS AND MAKES NO REPRESENTATIONS OR WARRANTIES OF ANY KIND CONCERNING THE WORK, EXPRESS, IMPLIED, STATUTORY OR OTHERWISE, INCLUDING, WITHOUT LIMITATION, WARRANTIES OF TITLE, MERCHANTABILITY, FITNESS FOR A PARTICULAR PURPOSE, NONINFRINGEMENT, OR THE ABSENCE OF LATENT OR OTHER DEFECTS, ACCURACY, OR THE PRESENCE OF ABSENCE OF ERRORS, WHETHER OR NOT DISCOVERABLE. SOME JURISDICTIONS DO NOT ALLOW THE EXCLUSION OF IMPLIED WARRANTIES, SO SUCH EXCLUSION MAY NOT APPLY TO YOU.

6. Limitation on Liability

EXCEPT TO THE EXTENT REQUIRED BY APPLICABLE LAW, IN NO EVENT WILL LICENSOR BE LIABLE TO YOU ON ANY LEGAL THEORY FOR ANY SPECIAL, INCIDENTAL, CONSEQUENTIAL, PUNITIVE OR EXEMPLARY DAMAGES ARISING OUT OF THIS LICENSE OR THE USE OF THE WORK, EVEN IF LICENSOR HAS BEEN ADVISED OF THE POSSIBILITY OF SUCH DAMAGES.

7. Termination

a. This License and the rights granted hereunder will terminate automatically upon any breach by You of the terms of this License. Individuals or entities who have received Adaptations or Collections from You under this License, however, will not have their licenses terminated provided such individuals or entities remain in full compliance with those licenses. Sections 1, 2, 5, 6, 7, and 8 will survive any termination of this License.

b. Subject to the above terms and conditions, the license granted here is perpetual (for the duration of the applicable copyright in the Work). Notwithstanding the above, Licensor reserves the right to release the Work under different license terms or to stop distributing the Work at any time; provided, however that any such election will not serve to withdraw this License (or any other license that has been, or is required to be, granted under the terms of this License), and this License will continue in full force and effect unless terminated as stated above.

8. Miscellaneous

a. Each time You Distribute or Publicly Perform the Work or a Collection, the Licensor offers to the recipient a license to the Work on the same terms and conditions as the license granted to You under this License.

b. Each time You Distribute or Publicly Perform an Adaptation, Licensor offers to the recipient a license to the original Work on the same terms and conditions as the license granted to You under this License.

c. If any provision of this License is invalid or unenforceable under applicable law, it shall not affect the validity or enforceability of the remainder of the terms of this License, and without further action by the parties to this agreement, such provision shall be reformed to the minimum extent necessary to make such provision valid and enforceable.

d. No term or provision of this License shall be deemed waived and no breach consented to unless such waiver or consent shall be in writing and signed by the party to be charged with such waiver or consent.

e. This License constitutes the entire agreement between the parties with respect to the Work licensed here. There are no understandings, agreements or representations with respect to the Work not specified here. Licensor shall not be bound by any additional provisions that may appear in any communication from You. This License may not be modified without the mutual written agreement of the Licensor and You.

f. The rights granted under, and the subject matter referenced, in this License were drafted utilizing the terminology of the Berne Convention for the Protection of

Literary and Artistic Works (as amended on September 28, 1979), the Rome Convention of 1961, the WIPO Copyright Treaty of 1996, the WIPO Performances and Phonograms Treaty of 1996 and the Universal Copyright Convention (as revised on July 24, 1971). These rights and subject matter take effect in the relevant jurisdiction in which the License terms are sought to be enforced according to the corresponding provisions of the implementation of those treaty provisions in the applicable national law. If the standard suite of rights granted under applicable copyright law includes additional rights not granted under this License, such additional rights are deemed to be included in the License; this License is not intended to restrict the license of any rights under applicable law.

Printed by Printforce, the Netherlands